オリーブオイル・ガイドブック

イタリア政府公認
オリーブオイル鑑定士
長友姫世
Himeyo Nagatomo

Olive Oil Guidebook

新潮社

はじめに

　この世の中に、たった一滴でこんなに幸せになれる食べ物があるのだろうか———薪火で焼いた熱々のブルスケッタに搾りたてをたっぷりとかけていただくおいしさ。野菜が一層青々しく風味豊かに変わるさま。スープにたらして立ち上がるかぐわしい香りと深みを増す味わい。仕事や留学を通じたイタリアでの生活の中で、ほんの一滴で料理に魔法をかけてしまうオリーブオイルに、私はすっかり魅了されていました。さまざまな食材の個性を存分に引き出し、いちだんと滋味に富んだ一皿へと引き上げる力がオリーブオイルにあることをかの地で知ったからです。そしてその魅力の源泉を知りたいと十数年前よりオリーブオイルについて学ぶようになり、オリーブの生産地を回るようにもなりました。実際の生産の現場を知ると、オリーブオイルの魅力や真実をもっと追求したい、多くの方と共有したいとの思いがさらに強くなり、私はイタリア政府農林食糧政策省登録の鑑定士の資格を取得しました。
　オリーブオイルは唯一、人間の鼻や舌の感覚による商品分類＝「官能検査」を経て市場に出る食品です。私たち鑑定士はその「官能検査」を行うことで、生産者のつくった大切なオイルを預かり、消費者へとつなげる役割を与えられています。
　鑑定士として日本と主にイタリアとを行き来する中で、すばらしいオリーブオイルの作り手たちの熱い思いに触れてきました。そして1本のボトルの、その背景には長い歴史と文化と、人々の愛情が存在することを実感してきました。また、農園や搾油所、研究機関での研修を重ねるたびに、新たな技術や情報がどんどん更新されていっていることを学びました。

本書では私の鑑定士としての体験と知識から、このオリーブオイルの多様性と奥深さ、そして自分でオリーブオイルを選ぶ物差しを持つことの楽しさを読者の皆さんにお伝えできればと思っています。

第1章では、オリーブオイルのなかでも最高級の品質と分類される、エクストラヴァージンオリーブオイルとは一体何を指すのか、その判定をする鑑定士の仕事を紹介しつつ説明しています。
第2章では現在日本で手に入る国内外のオリーブオイルのうち、厳選の142本を掲載。鑑定士として感覚を研ぎ澄ませて、1本1本のテイスティングに臨み、オリーブ畑の自然環境、気候条件、栽培、そして搾油の状況と生産者の考えなどを感知し、紹介しています。
最後に第3章では、日々の食生活で生かせるオリーブオイルの使い方、食材や料理との相性について触れています。

本書が多様なオリーブオイルの魅力を皆さんご自身で大いに楽しむきっかけとなり、日本のより良いオリーブオイル市場とその環境を作っていくための一助となりましたら、一人の鑑定士としてこれほど嬉しいことはありません。読者の皆さんの毎日の食卓にも、オリーブオイルの幸せな魔法が降りそそぐことを願っております。

長友姫世

Contents
オリーブオイル・ガイドブック　もくじ

はじめに　2

1 鑑定士による オリーブオイルの基礎知識　7

エクストラヴァージンオリーブオイルとは？　8
オリーブオイルの鑑定士(テイスター)とは？　12
官能検査(テイスティング)の方法は？　14
オリーブオイルができるまで　～品種・栽培・収穫編～　18
オリーブオイルができるまで　～搾油編～　20
統計から見る世界と日本のオリーブオイル事情　24

2 日本で入手可能な 世界のオリーブオイル・カタログ 25

オリーブオイル・カタログの見方　26

選び方・保存方法のアドバイス　28

イタリア　30

スペイン　78

[その他の地中海沿岸の国々]
ギリシャ・トルコ・モロッコ・ポルトガル・クロアチア　91

[オセアニア諸国]
オーストラリア・ニュージーランド　102

[アメリカ大陸]
アメリカ合衆国・チリ　105

日本　108

3 毎日の料理に生かす オリーブオイルの使い方 111

イントロダクション　113

🍴 サラダ　114

🍴 スープ　116

🍴 パスタ・リゾット　117

🍴 ペースト・ソース　118

🍴 保存食（ソットオーリオ）　120

🍴 肉　121

🍴 魚介類　123

🍴 揚げ物　フリット　124

🍴 デザート　124

輸入会社・メーカー問合せ先リスト　126

本書の執筆にあたり、以下のみなさまに多大なご支援とご協力をいただきました。
ここに感謝の意を表します。

O.N.A.O.O.
Mr. Marcello Scoccia
Mr. Mauro Amelio
Mr. Roberto Anzaldi
Prof. Alessandro Parenti
Dr. Aleandro Ottanelli
Laboratorio Chimico Merceologico della Camera di Commercio di Firenze
Ms. Patrizia Benelli
オリーブオイルをご提供いただいた輸入会社・メーカーのみなさま
JOOTA

1

鑑定士による
オリーブオイルの基礎知識

エクストラヴァージンオリーブオイルとは？

厳しい条件をクリアしたオリーブオイル

現在「オリーブオイル」といえば、「**エクストラヴァージンオリーブオイル**」という名称がみなさんの頭にごく当たり前に浮かぶと思います。でもひと昔前の日本では、エクストラヴァージンオリーブオイルどころか、オリーブオイルという食品自体がマイナーな存在でした。イタリア料理が注目されてオリーブオイルの消費量が日本で増加しはじめたのは1995年ごろからでした（p.24参照）。

では、この"エクストラヴァージンオリーブオイル"とは一体どのようなオイルを指すのでしょうか？ **IOC (International Olive Council ＝ 国際オリーブ理事会)**による定義をもとに見てみましょう。IOCはオリーブオイルとテーブルオリーブの分野における世界唯一の国際的な政府間組織で、加盟する生産国で世界のオリーブ生産量の98%を占めています。つまりIOCの規定による分類が、グローバルスタンダードだと言っても過言ではないのです。

オリーブと、オリーブオイルを製造する過程で出る副産物からできた油は、9段階に分類されています。[図1]は呼称と定義の分類表、[図2]（p.10）はその製造の過程を詳しく図解したものです。

この図をみると分かるように「エクストラヴァージンオリーブオイル」とは、溶剤などで抽出する化学的な手段ではなく、機械などの物理的手段でオリーブの果実から得られたオイル＝ヴァージンオリーブオイルの中でも、最も厳しい条件をクリアしたものです。

この分類は、「**化学分析**」と、後述する人間の感覚分析である「**官能検査**」によって行われます。この官能検査を行うことができるのが「**鑑定士（テイスター）**」（p.12参照）です。

化学分析では酸度だけでなく、過酸化物価や紫外線の吸収性によって得られる数値など、細かな検査項目が数多くあり、[図1]に示した分類に応じて数値が定められています。ちなみに酸度とは、遊離脂肪酸の割合のことで、数値が低ければ低いほど新鮮で健康なオリーブの実から作られたものであることを示します。

官能検査ではオリーブオイルの**欠陥**の有無と同時に、**ポジティブな要素**を嗅覚と味覚で客観的に判定します。後ほど詳細に説明しますが、欠陥とはオイルの劣化を示す複数の要素を指します。劣化は臭いとなって現れ、その臭いの種類によって原因を判定することができます（p.14参照）。

オリーブオイルはできあがった瞬間から**酸化**が始まります。その後、酸素、温度、そして光などさまざまな原因によって時間とともに劣化が進む運命にある食品です。これはどの食用油も同じです。良い品質のオリーブオイルとは、素材が良い状態で搾油されたこともさることながら、ボトルに詰められた後も劣化の要素をできる限り排除しながら管理されたものだと言えます。

図1　IOCの分類表

オリーブオイル				
1. ヴァージンオリーブオイル　Virgin olive oil				
オリーブの実から機械的または物理的な工程のみで得られたオイルで、溶剤で抽出したものを除く。 オリーブの洗浄、デキャンティング、遠心分離、フィルター濾過以外の処理を行ってはいけない。				
食用として消費するものに適合する ヴァージンオリーブオイル			食用として消費するものに 適合しない ヴァージンオリーブオイル	
a	b	c	d	
エクストラヴァージン オリーブオイル Extra virgin olive oil	ヴァージン オリーブオイル Virgin olive oil	オーディナリー ヴァージン オリーブオイル Ordinary virgin olive oil	ランパンテ ヴァージン オリーブオイル Lampante virgin olive oil	
酸度0.8%以下のもの	酸度2%以下のもの	酸度が3.3%以下のもの	酸度が3.3%を超えるもの これは、精製のために、 または工業用に使用する	
a、b、c、dいずれも、このカテゴリーに定められる基準を満たしたヴァージンオリーブオイルとする。				
2. 精製オリーブオイル　Refined olive oil				
ヴァージンオリーブオイルを精製したオイル。 このカテゴリーに定められる基準を満たした酸度0.3%以下のもの。				
3. オリーブオイル　Olive oil				
精製オリーブオイルに、ランパンテ以外のヴァージンオリーブオイルをブレンドしたオイル。 このカテゴリーに定められる基準を満たした酸度1%以下のもの。ただし、配合の割合は明示する義務がない。				
オリーブポマースオイル				
4. 未精製オリーブポマースオイル　Crude olive-pomace oil				
ヴァージンオリーブオイルを搾った後のかすから溶剤を使って抽出したオイル。 このカテゴリーに定められる基準を満たしたもの。ただし、配合の割合は規定で明示されない。				
5. 精製オリーブポマースオイル　Refined olive-pomace oil				
未精製オリーブポマースオイルを精製したオイル。 このカテゴリーに定められる基準を満たした酸度0.3%以下のもの。				
6. オリーブポマースオイル　Olive-pomace oil				
精製オリーブポマースオイルに、ランパンテ以外のヴァージンオリーブオイルをブレンドしたオイル。 このカテゴリーに定められる基準を満たした酸度1%以下のもの。				

*IOCの規定における「オリーブオイルの呼称と定義」をもとに作成した分類表です(2014年7月現在)。
*IOC　http://www.internationaloliveoil.org
*EUの規定では、1. ヴァージンオリーブオイルのうち**c**も食用として消費するのに適合しないヴァージンオリーブオイル
　（ランパンテオリーブオイル）と定めている。

図2 オリーブオイルの分類と添加される物質

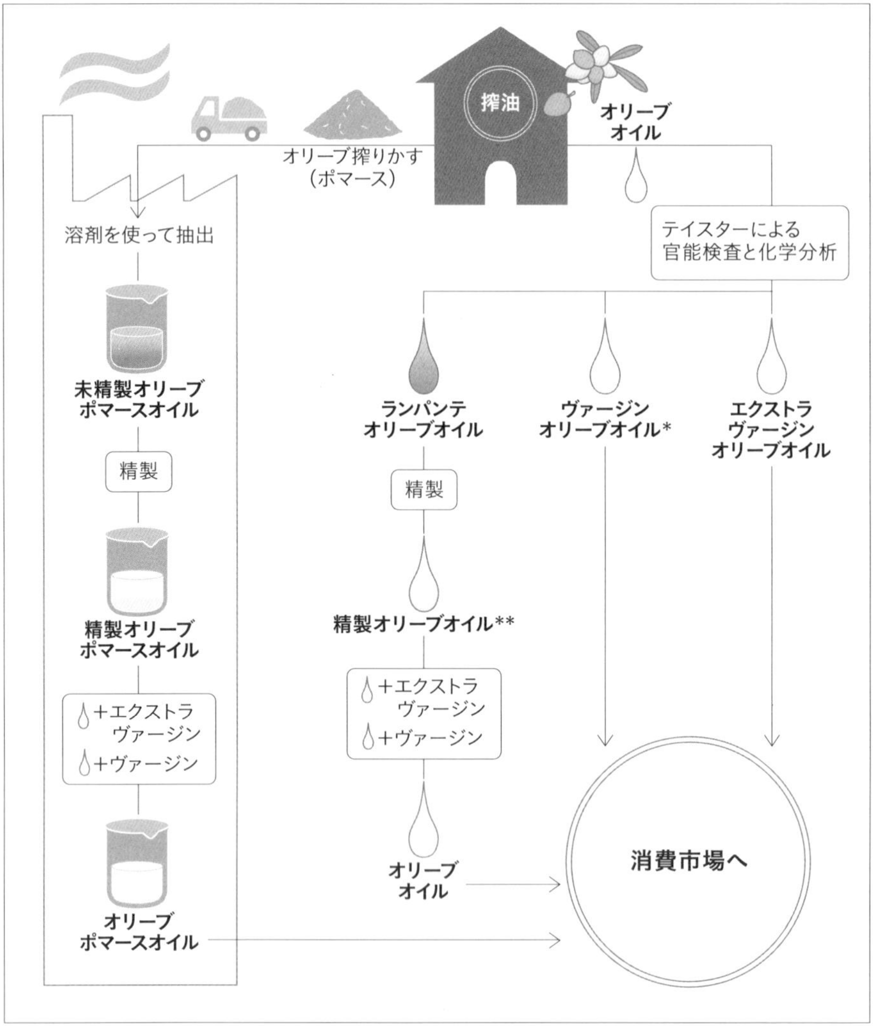

```
溶剤を使って抽出 → 未精製オリーブポマースオイル
→ 精製 → 精製オリーブポマースオイル
→ +エクストラヴァージン / +ヴァージン
→ オリーブポマースオイル → 消費市場へ

オリーブ搾りかす（ポマース）

搾油 → オリーブオイル
→ テイスターによる官能検査と化学分析
→ ランパンテオリーブオイル / ヴァージンオリーブオイル* / エクストラヴァージンオリーブオイル

ランパンテオリーブオイル → 精製 → 精製オリーブオイル**
→ +エクストラヴァージン / +ヴァージン
→ オリーブオイル → 消費市場へ
```

EUの規定による分類をもとに作成。
*IOCの規定（p.9）ではオーディナリーオリーブオイルもその他の食用可能なヴァージンオリーブオイルと同様の扱いになる。
**ランパンテオリーブオイルだけでなく、その他のヴァージンオリーブオイルを精製することもある。

オリーブオイルの9つの分類

まずオリーブからつくられるオイルは、オリーブの実から得られた「**オリーブオイル**」と、オリーブの搾りかすから得られた「**オリーブポマースオイル**」とに大きく分けられます。オリーブの搾りかすから作られたオイルは「オリーブオイル」とは呼べないのです。

次に、実から得られた「オリーブオイル」の中でも、機械などの物理的な工程のみで得られたものだけを「**1. ヴァージンオリ**

ーブオイル」(p.9〔図1〕、以下同）といい、**1.**はさらに、各カテゴリーに定められた化学分析と官能検査の基準や条件の値によって食用として消費するのに適しているもの（**a**、**b**、**c**）と、そうでないもの（**d**）の4つに分類されます。**a**のエクストラヴァージンオリーブオイルは、このカテゴリーに定められるさまざまな基準を満たした上で、化学分析で酸度0.8％以下、官能検査で欠陥の要素がゼロと判定された最高品質のオイルをさします。

これらのヴァージンオリーブオイルを精製したものが「**2. 精製オリーブオイル**」です。エクストラヴァージンオリーブオイルは前述のように厳しい条件をクリアした最も品質の高いオイルですが、例えば官能検査で欠陥の要素が少しでも認められるとエクストラヴァージンと呼ぶことはできません。欠陥が顕著に認められた品質の劣るものや、食用として消費できないもののマイナス要素を取り除くため、脱酸、脱色、そして脱臭といった「精製」を行います。精製によって欠陥の要素は取り除かれますが、同時にオリーブオイルが持つ栄養素、豊かな香り、そして味わいも失ってしまいます。他の素材の精製オイルと変わらない特徴のないオイルとなり、オリーブオイルを摂る利点や魅力も大幅に失います。

「**3. オリーブオイル**」は、**1.**のヴァージンオリーブオイルのうち、**d**のランパンテ（酸度が3.3％を超えるもの）以外の食用に適しているオイルを**2.**にブレンドしたものを指します。食用に適すると認められますが、ブレンドするヴァージンオリーブオイルの量や質などは細かく規定されていません。食用として消費が認められていない精製オイルがほとんどだったとしても、**1.**がごく少量ブレンドされただけで食用に適するオイルとして流通させられるのです。ちなみに日本でピュアオリーブオイルと表示されているものはこの**3.**に当たるといわれます。

オリーブオイルを評価・分類するのはなぜか？

実はこのような分類の基本的な考え方は、古くはローマ時代からありましたが、なぜここまでオリーブオイルの品質評価を厳密にしようとするのでしょうか。それは地中海沿岸諸国の人々にとって、生活と風景の中に必ずオリーブ（の木）が存在しているからではないか、と思います。特別な愛情と敬意を抱いているからこそ、その大切な恵みを無駄にせず、いいかげんに扱ってはいけないという思いがあるのではないでしょうか。消費量が圧倒的に多いため、身体の中に摂取するオイルの重要性を、長い歴史の中で経験してきたから、ということもあるでしょう。オイルの良い部分を取り出して評価や表示をすると同時に、欠陥のあるオイルをそのままにせず、その原因を判断してより良いオイルを生産するという目的もあるでしょう。一方で、品質的に決して優れたオリーブオイルでなくても、自分たちの畑で少量を育てて搾油し、壺の中に入れて一滴一滴愛おしむように使っている人々も地中海沿岸諸国にはたくさんいます。欠陥を明らかにするのは、だめなオリーブオイルを排除することが目的ではありません。品質が明らかになれば、食品加工や工業用として使うなど、それぞれのグレードにふさわしい用途と結びつけることができます。まずオリーブオイルを正確に分類し、それを表示に正しく反映し、ふさわしい用途に結びつけることが大切です。

オリーブオイルの鑑定士(テイスター)とは？

人間の感覚で分析する資格者

オリーブオイルは、消費市場へ届くまでに、人間の感覚による分析が必要な唯一の食品です（IOCやEUなどの規定に則っている国において）。**官能検査**によってはじめて、ヴァージンオリーブオイル(p.9[図1]の**1.**)の分類中、エクストラヴァージンオリーブオイルかヴァージンオリーブオイルかの鑑定ができます。この感覚分析を行うことができるのが「**鑑定士**（英・テイスター）」と呼ばれるIOCやEU加盟国の**政府認定資格者**です。ここでは鑑定士の資格と役割について説明しましょう。

私が学び、資格を取得したイタリアでは、企業や生産者など民間で鑑定士を育成していましたが、1991年に政府認定の資格として法律で定められ、さまざまな機関や学校で学ぶことができるようになりました。その昔、エクストラヴァージンオリーブオイルは化学分析だけで判断され、分類されていました。しかし化学分析で〝エクストラヴァージンオリーブオイル〟と判定されたにもかかわらず、人が味わうと「油っこい、不快だ」と感じるオイルがあることがわかってきました。数値的な問題がないにもかかわらず、欠陥があると感じるオイルがあるという事実はオリーブオイル業界で議論を起こし、結果的にオリーブオイルの分類を化学分析のみに頼ることには限界があるという結論に至りました。

「このオイルは何かがおかしい」と感じたのは人の感覚です。自分が口にするものを健康に良いかどうか判断する人間の感覚の力を、化学分析のほかに加えることが必要ではないだろうか。化学の世界や数値の世界だけでは判断しきれないことを人間の感覚が補う必要があるのでは、という認識のもと、鑑定には化学分析と同時に感覚分析、いわゆる官能検査を行うという規定ができました。

鑑定士は、イタリアでは「アッサッジャトーレ（assaggiatore）」、スペインでは「カタドール（catador）」という名称で呼ばれます。鑑定士の育成方法、政府登録の仕組みなどは国によって多少異なりますが、鑑定判断基準など適用されている法律は、EU加盟国間共通の規定です。EUの規定はもともとIOCの規定にならってつくられました。

厳しい資格取得のプロセス 〜イタリアの場合

イタリアを例にお話ししましょう。鑑定士の登録名簿は農林食糧政策省によって管理されています。各鑑定士は各州の商工会議所を通じて登録し、仕事を行います。鑑定士となるためには、まずはテイスティングにおける法律やメソッド、化学分析のことなど基礎を学び、テイスティングの適性能力をはかる試験に合格して、オリーブオイルテイスティング適性能力認定証明書を取得します。この段階ではまだ鑑定士と名乗ることはできません。その後に政府公認の正式なテイスティングの訓練を20回以上、

①イタリア・リグーリア州のインペリアにある、国際的なオリーブオイル鑑定士育成機関、O.N.A.O.O.の副代表、マルチェロ・スコッチャ氏。近年アフリカやアメリカ大陸への講習も増加。②2014年5月に日本でもO.N.A.O.O.の鑑定士養成講座が開催された。③パネルルームで鑑定を行うマルチェロ・スコッチャ氏。

決められた期間内（筆者の場合は1年以内）に受け、その修了証明書と最初に取得した適性能力認定証明書を添えて、イタリア国内の商工会議所を通じて政府機関に登録します。登録が受理されてはじめて「オリーブオイル鑑定士（テイスター）」と名乗ることができます。現在イタリア国内だけで鑑定士は約300名いるといわれています。
イタリアでは商工会議所や農林食糧政策省、農業警察や森林警備隊に勤務する人、そして生産者や搾油所の運営者が勉強し、資格を取得する場合が一般的です。
基本的に生産者は地元商工会議所や鑑定の専門機関にその年搾油したオリーブオイルを持ち込んで、鑑定を依頼します。それを受けて政府に登録している鑑定士たちが後述するパネルリーダー（p.14参照）のもとにパネルというチームを編成し、IOCの規定に則ったオフィシャルな方法で鑑定を行います。
鑑定士はこれ以外にも能力を生かして、製造に関するコンサルタント、オリーブオイル買い付けのコンサルタント、鑑定士育成教育、そしてコンテストの審査員を行う場合もあります。
オリーブオイルの生産者にとって、エクストラヴァージンオリーブオイルか、それ以外のオイルとして分類されるかは大きな問題です。だからこそ鑑定士の責任は重く、そのために育成機関、能力維持の訓練、鑑定の基準や方法、地域ごとの人数まできちんと管理されているのです。では次に鑑定方法と評価の基準がどのようなものかを見て行きましょう。

官能検査(テイスティング)の方法は?

厳密な鑑定方法

IOCの規定による鑑定の方法について説明しましょう。

官能検査をするにあたって、リーダーとなる人が8〜12名の鑑定士を集めます。このグループを「**パネル**」と呼び、リーダーとなる人を「**パネルリーダー（伊・カポパネル）**」と呼びます。パネルリーダーになるには政府や国際機関が認定する資格が必要です。またパネルルームを手配でき、テイスティング能力が高く、精確なオイルの扱いからメンバーのモチベーションを保つことまで、公正な判断をするための責任を負える経験豊富な人物が求められます。

いよいよ鑑定です。パネルのメンバーとなった鑑定士は、ひとりひとりパーティションで隔離されたデスクの前に座り、テイスティングを行います。テイスティングを行う時間帯から、テイスティング前の食事の摂り方、テイスティンググラスの色・形・厚み、部屋の広さ、壁の色やデスクの上に置かれるオイルのウォーマー、流しなどの仕様も細かく明文化されています。ここまで厳密なのは、鑑定は主観的なものではなく、あくまでも規定にしたがって客観的に行うことが常に求められているためです（写真①②）。

パネルルームに入った鑑定士は、他の人から影響を受けない状態で、配られたオリーブオイルのテイスティングを行います。そこからは実に孤独な作業が始まります。感

①正式な青いテイスティンググラス。パネルルームの各パーティション内に設置された、オイルを温めるウォーマーに載せて香りを立たせる。

②O.N.A.O.O.のパネルルーム。育成機関や各商工会議所などに設置されたパネルルームでは、部屋全体の広さ、パーティションの大きさ、ウォーマーや流しの仕様なども決められている。

覚を研ぎ澄ませながら、目の前のオリーブオイルと対話する瞬間です。

まず揮発させないようグラスに蓋をしながらオイルを28℃プラスマイナス2℃に温めます。次にグラスを回して内壁にオイルを触れさせ、香りを立たせます。そして空気とともに吸いこんだ香りを鼻腔の奥で嗅ぎ、直感的に感じたことを大切にします。

最初に判断するのは、**欠陥**があるかないかです。欠陥には主に10数種の要素があります（右頁[図3]参照）。オリーブの実が害虫の被害を受けたり、収穫したオリーブの

図3　官能検査記録用紙　プロフィールシート（伊・スケーダ）

正式なテイスティングで使用する記録用紙。上が欠陥の記入欄、下がポジティブな要素の記入欄。それぞれの要素を10段階で判断し、線上に印をつける。チェックして右端に数値を記載したり、線上に数値を記載したりするなど、各検査機関で記入法が異なる。

```
COI/T.20/Doc. No15/Rev. 6
page 11

Figure 1
PROFILE SHEET FOR VIRGIN OLIVE OIL
INTENSITY OF PERCEPTION OF DEFECTS

Fusty/muddy sediment (*)
Musty/humid/earthy (*)
Winey/vinegary acid/sour (*)
Frostbitten olives (wet wood)
Rancid
Other negative attributes:
Descriptor:    Metallic☐  Hay☐  Grubby☐  Rough☐
               Brine☐  Heated or burnt☐  Vegetable water☐
               Esparto☐  Cucumber☐  Greasy☐

(*) Delete as appropriate

INTENSITY OF PERCEPTION OF POSITIVE ATTRIBUTES

Fruity       Green☐    Ripe☐
Bitter
Pungent

Name of taster:              Taster code:
Sample code:                 Signature:
Date:
Comments:
```

欠陥の要素記入欄

ポジティブな要素記入欄

欠陥の要素（欠陥臭の名称）

- Fusty/muddy sediment
  (Riscaldo/morchia　嫌気性発酵/泥状沈殿物)
- Musty/humid/earthy
  (Muffa-umidità-terra　カビ/高湿度/土)
- Winey/vinegary/acid/sour
  (Avvinato-inacetito acido-agro　ワイン/ヴィネガー/酸/酢)
- Frostbitten olives（wet wood）
  (Olive gelate-legno umido　凍害果-湿った木)
- Rancid（Rancido　酸敗）

その他のネガティブな要素

- Metallic（Metallico　金属）
- Hay（Fieno　干草、乾燥果実）
- Grubby（Verme　オリーブミバエ）
- Rough（Grossolano　粗雑/古いオイル）
- Brine（Salamoia　塩水）
- Heated or burnt（Cotto o stracotto　加熱または焦げ）
- Vegetable water（Acqua di vegetazione　果汁水）
- Esparto（Sparto　アフリカハネガヤ/圧搾マット）
- Cucumber（Cetriolo　きゅうり/長期密閉保存）
- Greasy（Lubrificanti　油脂/グリース）

ポジティブな要素

- Fruity（Fruttato　フルーティー）
  さらにGreen/Verde/早熟またはRipe/Maturo/成熟を選択する。
- Bitter（Amaro　苦味）
- Pungent（Piccante　辛味）

＊上記3つの要素の感知した強さによって右のように分類する。

Intense/Intenso/強い・インテンス：特性の中央値が6より上の場合。
Medium/Medio/中程度/ミディアム：特性の中央値が3〜6の場合。
Light/Leggero/軽い・ライト：特性の中央値が3未満の場合。

生産者は鑑定機関に依頼し、オイルが3つの分類のどれにあたるか示してもらい、それをラベルに表示する。

15

実が運搬過程で発酵してしまったり、その他搾油工程、ボトリングから流通段階など、消費者の手元に届くまでのすべてのプロセスにおいて、オリーブオイルを酸化させたり、劣化させたりする原因があります。そしてその劣化は必ず臭いとなって現れます。その臭いが**欠陥**であり、ひとつひとつ呼称をつけられています。同時に、**ポジティブな要素**も感知します。ポジティブな要素とは香りの高さ（フルーティー）のことで、健康で新鮮なオリーブの実から作られたオイルに特有の香りを指します。後述するように刈ったばかりの草、青いアーモンド、熟したトマトなど共通言語で表現します。

次にオイルを口に含んで空気を勢い良く吸い込みながら、口中で霧状にします。その際に鼻に抜ける香りを感じ取ります。ここではポジティブな要素である香りの高さと同時に、苦味と辛味を味覚で判断します。実はオリーブオイルの鑑定時に味覚で判断するのはこの2点だけなのです。日本では、苦味や辛味のないやさしいオイルが好まれるのですが、オリーブオイルの世界では、苦味と辛味は重要なポジティブ要素です。官能検査は人間の五感のうち嗅覚を駆使して行います。［図3］の記録用紙に、空気とともに吸い込んだ香りと、次に口に含んだ時に鼻に抜ける時の香り、最後に舌や喉の奥で感じる後味と、大きく3つに分けて感知し判定します。訓練してきた自分の感覚を最大限に発揮し、記録します。このプロセスで、オイルの特性を①**欠陥**の有無とそのグレード、②**ポジティブな要素**とそのグレードについて判断します。

ここで欠陥の要素がひとつでも、そしてわずかでもあれば、エクストラヴァージンオリーブオイルと判定することはできません。欠陥の要素を感知したら、それぞれ何が原因で生じたのかを分析し、欠陥の強度を記録します。次にポジティブな要素であるオイルの香りや味わいの判定を行います。

意外かもしれませんが、オイルの色は評価にいっさい関係がありません。そのため、テイスティングの際には、視覚による影響を受けないよう、ブルー、もしくはアンバー色のテイスティンググラスを使うことが定められています。

この他鑑定士は客観的な判断だけでなく、消費者や生産者に対し、オイルの味わいの特徴をわかりやすく説明し、表現することも求められるようになりました。［図4］のように、商工会議所や研究機関などで、味わいの特性を視覚的に表現するスパイダーチャートを作成し、良質なオリーブオイルの香りの特徴や多様性をわかりやすく伝える試みが行われています。

官能検査とは、訓練した鑑定士が感覚を駆使して、オリーブオイルをエクストラヴァージンオリーブオイルであると判断して世の中に出すことができる、非常に責任のある作業です。オリーブオイルを作った人に対しても、それを受け取る消費者に対しても、うそ偽りのないものをきちんと届けること。これを第一の目的として国際的に法律で定義されているのがオリーブオイルという食品であることを、ぜひ多くの方に知っていただきたいと思います。

日本における鑑定の現状

日本はIOCに加盟をしておらず、オリーブオイルに関する国際基準や規則が適用されていません。細かな定義やそれに至る検査や鑑定、品質を守るための取扱いや表示のルールも、グローバルスタンダードの整備はされていないといってよいでしょう。これだけオリーブオイルの人気と需要が高

図4 オリーブオイルの味わいを示すスパイダーチャート（蜘蛛の巣グラフ）

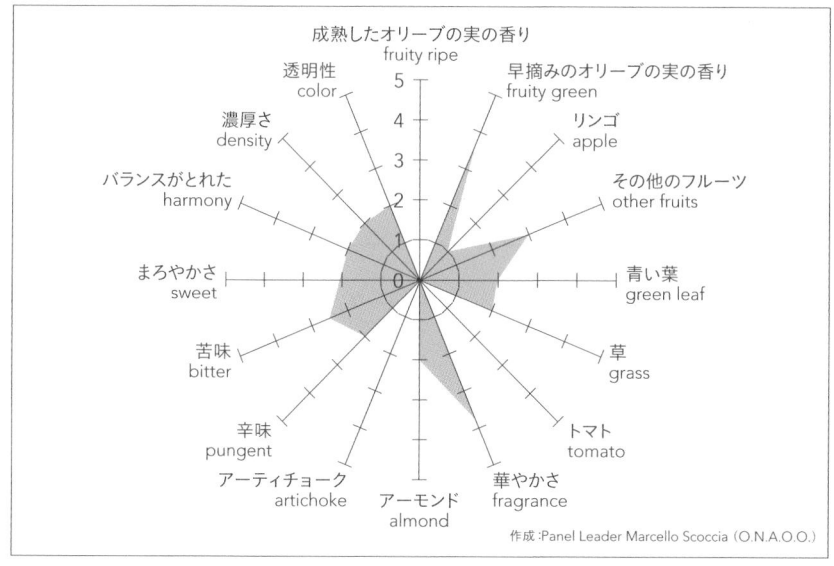

作成：Panel Leader Marcello Scoccia（O.N.A.O.O.）

オリーブオイルの味わいの特徴を表すためのグラフ。近年、味わいをよりわかりやすく表現するため、テイスティングを行う機関が依頼を受けて作成している。書類には作成した鑑定士の名前と有効期限が明記され、生産者に発行される。
グラフ上に明記された味わいを表現する言葉も、オイルの特徴を的確に捉える訓練を受けた鑑定士が選んでいる。このような共通言語によって消費者に向けた味わいの説明や、料理に生かすアドバイスをしやすくなる。

〈オリーブオイルの味わいを表現する代表的な言葉〉
アーティチョークの蕾や茎、青いトマト、熟したトマト、トマトのヘタ・葉・茎、刈ったばかりの草、オリーブの葉、青いアーモンド、青リンゴや青いバナナ、ナスやレタスなどの野菜、ミント、ローズマリー、バジルといったハーブ類など。
作成する機関によってグラフに使う言葉が異なる。このグラフはO.N.A.O.O.が作成。

まる中でのこの状況は、世界から見たときにお粗末としか言いようがありません。官能検査のシステムがない中で、本来正式な鑑定士が厳密におこなうべき鑑定を、客観的な世界共通基準の知識と専門的なスキルを持たない人たちが、むやみにできるものではありません。オイルの味わいをプライベートで自由に表現することは、大いに楽しんでいただきたいと思います。しかし品質について言及できるのは、それが認められた鑑定士だけであるということは、ここまでの説明でおわかりいただけると思います。

鑑定士とその仕事の重要性・必要性を強く感じていた私とオリーブオイル関係の仲間は、日本で国際基準に適った正式な鑑定士養成講座を2014年よりスタートさせました。確かな知識とスキルを持った人材が育成され、正しい情報を消費者が取捨選択できる状況になることが大切です。健全なオリーブオイルの市場を作るために、日本でも法やシステムの整備が望まれます。

オリーブオイルができるまで　～品種・栽培・収穫編～

日本で流通している国内外のオリーブオイルの魅力を紹介する前に、その多様な香りと味わいがなぜ生まれるのかを紹介しましょう。オリーブオイルの特性は、オリーブの木の品種、栽培・収穫・搾油方法のすべてに関係しています。まず品種、栽培と収穫について説明します。

品種

紀元前4000年から3000年に起源を持つといわれるオリーブは、地中海沿岸地域を中心に、気候風土に合う品種が各地に根付いていきました。世界で栽培されているオリーブの品種は、実に1300以上もあるといわれています。そのうちの約半分、およそ600種類がイタリアで栽培されています。また、現在では南半球からアジア圏も含め、世界各地でオリーブが栽培されるようになりました。

品種によって味わい、香り、そして油分の多さといったオリーブの個性は大きく変わってきます。栽培品種を選ぶときには、どのようなオイルを製造するかという明確なビジョンを持つことが大切です。イタリアなど原産地保護呼称（英・P.D.O.、伊・D.O.P.）を大切にしている地域では、その土地固有の品種を大切に守り、その個性を生かしたオイルを生産しています。ここで最も大切なのは、栽培する土地の気候風土と土壌がオリーブの品種と合っているかということです。オリーブの木はとても寿命が長く、適切に栽培すればそれこそ何百年も実を付けてくれます。基本的に水はけがよく、日差しがたっぷりと注ぎ、風通しの良い環境が理想です。

栽培・収穫

気候風土と土壌を綿密に調べて品種を選んだら、苗木を植えます。この時、どのような間隔で植えるかも重要になってきます。これは栽培方法だけでなく収穫方法とも関係があるからです。オリーブの実の収穫方法は手摘み[*1]、用具や小型機械を使って実を落とすもの（右頁写真①、②）、機械で幹ごと挟んで揺らすもの（同③）、大型トラクターのような収穫機械で一気に木を叩いて集めるもの（同④）、などがあります。

写真①②は、櫛のような器具で枝をしごいたり、長い棒の先に付いた電動の機械で枝を叩いたりして地面に張ったネットに落とす収穫方法です。大型機械を入れられるような平坦で広大な畑が少なく丘陵地帯が多いイタリアでは、このように非常に手間と時間がかかる収穫方法が多く用いられています。樹間は6メートル程度に取るところが多く、これを「**伝統的栽培法**」と呼びます。③は大きな電動機械で幹や枝を挟んで揺らし、地面に張ったネットに落として収穫する方法です。手摘みや①②と③の方法を併用している生産者も多くいます。④は大型トラクターのような収穫機械を使う、スペインで開発された方法で、「**超密集栽培法**」（英・super intensive 伊・super intensivo）と呼びます。[*2]　1本1本離して栽培する伝統

的栽培法とは異なり、列状に植樹して低く仕立てるところからの呼称です。この栽培方法は現在スペインや南米など広大なオリーブ農園を持つ生産者に急速に広まっています。写真④のように、一列に仕立てたオリーブの木を、巨大な収穫車が直径2メートル以上もあるタイヤの両輪の間に挟むようにして進みながら、木全体を叩き揺らしてオリーブの実を収穫します。

栽培方法や収穫方法以外にも、剪定をきちんと行って健康な状態に保つこと、水はけや灌漑などの環境を整えること、欠陥の原因となるオリーブミバエが実につかないよう対策を行うこと、その他の害虫や病気でダメージを受けないよう手入れすることなど、生産者はさまざまな面で1年を通じてオリーブの木が理想的な実を結ぶよう配慮しているのです。

最後に収穫時期ですが、気候風土で前後します。北半球を例にとると、主に9月末から12月頃まで収穫します。一般的に緑色の実の表皮が紫に色づき始めた頃が理想的といわれています。実が成熟するに従って、色は緑から紫、そして黒へと変化します。同時にポリフェノール値は下がっていき、抽出できるオイルの量は増加します。ポリフェノール値がより高く、辛味や苦味がしっかりとあるオイルにするか、またはよりマイルドでより多くのオイルを搾油するのか。収穫のタイミングで生産者はオイルの特性も変えています。近年、オリーブの収穫時期が近づくと、地域毎にオリーブの実のポリフェノール値と油分の推移を毎日検査し、データを発表する商工会議所も出てきました。収穫間際の天候によっても実の成分が微妙に変わるため、いつ搾油をスタートするかは生産者にとって、非常に重要なのです。

櫛のような道具を使って手摘みする様子。ペッティナトゥーラと呼ばれる。

小型機械を使って枝や樹上のオリーブをたたいて落とし、収穫する様子。

オリーブの木の幹を機械で挟み、揺らして実を落とす収穫方法。

巨大な収穫車を使った超密集栽培法の収穫方法。

*1 「手摘み」と記載されているものは、手摘みのほか、用具や小型の機械による収穫を指す場合もある。
*2 ほかに密集栽培法と呼ばれるものもある。

オリーブオイルができるまで　〜搾油編〜

収穫した実をいよいよ搾油所で搾油し、オイルにします。オリーブオイルを搾油する機械の開発は日々進化しつつあり、また日本では情報が少なく誤解されていることが多いため、ぜひきちんと知っていただきたいプロセスです。
例えば「オリーブオイルはオリーブの実をギュッと搾ったフルーツジュース」という表現を非常に多く目にしますが、これはイメージを重視した表現で、本来のオリーブオイルの製造の仕組みが理解されないばかりか、オリーブオイルに対する誤解を招きかねません。搾油方法を知ると、オリーブの実を搾っただけではオイルにならないことが理解できるでしょう。
現在、小規模でも大規模でも搾油所の傾向として、搾油できるオイルの量よりも、品質の高さに目が向けられています。この視点から搾油の工程と近年の傾向を見ていきましょう。

洗浄〜練り込み

オリーブの実を収穫後に畑から搾油所に運搬します。良い状態で収穫した実を、**できるだけ短時間で搾油する**ことが、クオリティの高いオイルを生産する上で大切なポイントです。収穫した実を運搬するときも、重量で押しつぶされないよう小さなカセット（箱）に入れ、温度が上がらないよう風通しの良い状態に保つなど配慮が必要です。実が潰れると発酵してしまい、欠陥の要因になるからです。

搾油所では、下の表の工程をどのような設備で行うかを順に説明しましょう（右頁[図5]、p.23写真参照）。
まず、枝葉を取り除いたオリーブの実を洗浄した後（p.23①）、粉砕します。この粉砕の工程では、石臼を回転させて実を潰す方法が伝統的に使われてきました（p.23**A**）。日本でもオリーブオイルの製造方法として石臼がよくメディアに取り上げられます。しかしながら、高品質のオイルを追求する生産者の多くは、すでに石臼ではなく、ハ

除葉
収穫した実から除葉機などで枝葉を取り除く。

洗浄
水で土や砂を洗浄する。

粉砕
実を粉砕する。

練り込み
粉砕したペースト状の実を機械で練り込む。

オイル分抽出
遠心分離機にかけてペーストをオイルと搾りかす、水に分ける。

水分除去
水分を完全に取り除くための遠心分離機にかける。

濾過
オイルに含まれる澱を取り除く。

保存
一定の温度に保った貯蔵室のタンクにオイルを入れて保存する。

瓶詰め
遮光瓶などの容器に充填する。

図5 オリーブオイルの製造工程

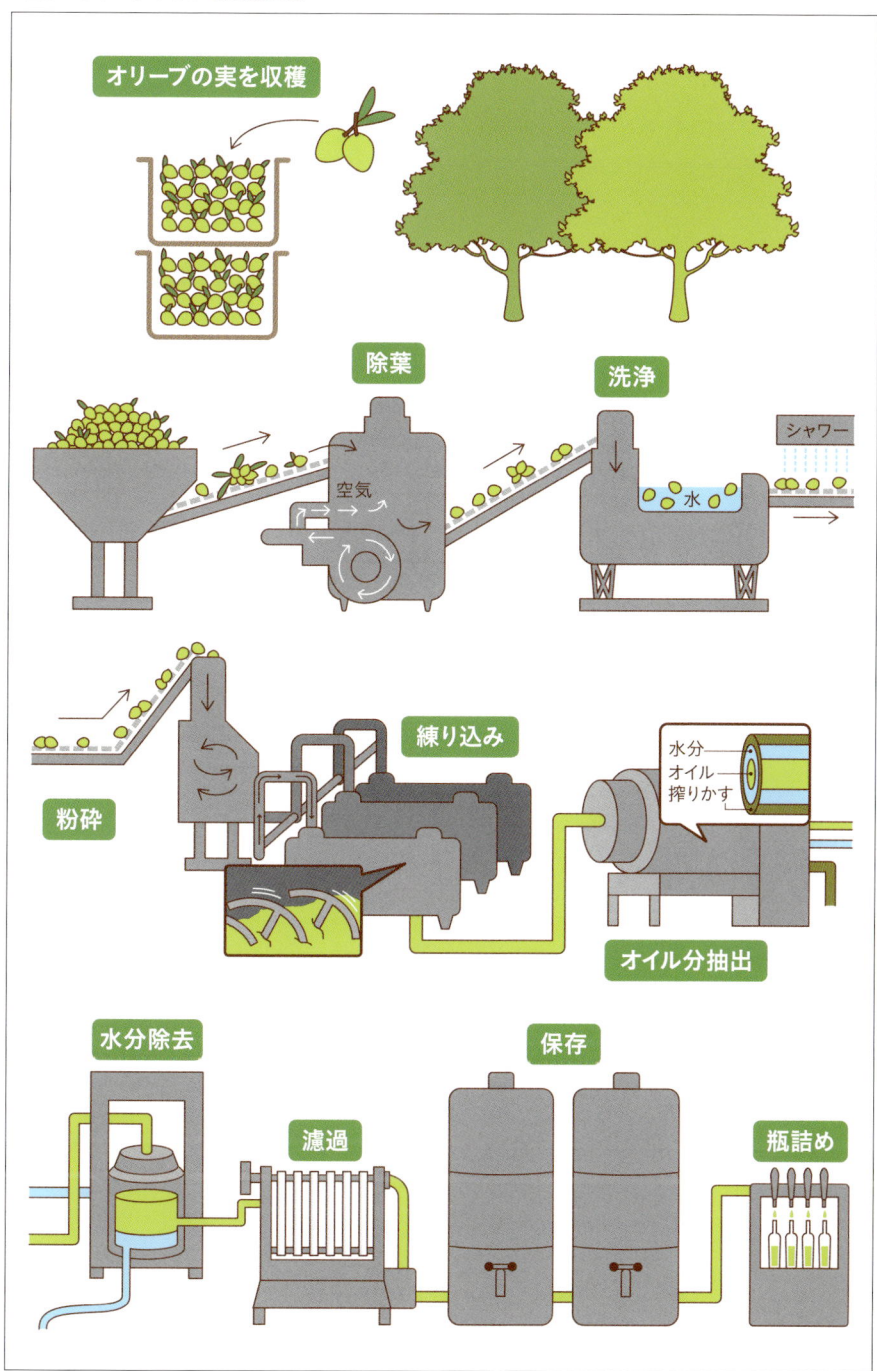

*イラストはあくまでも一例。製造方法や使用する機械などによって、この工程は変わる。

ンマー式やディスク式などの粉砕機械を用いています。石臼では酸素と触れるためどうしても酸化のリスクが高くなるのです。次に粉砕したペースト状のオリーブを練り込みます（p.23②）。この「**練り込み**」は、オイルの特性をつくり、オリーブから油分を取り出す重要な工程です。機械の中でペースト状のオリーブを温めながら回転させることで、油分を包む膜を壊して解放し、油分同士の結合を促進します。酸化を防ぐために練り込み機は密封されているものもあります。同時に、さまざまな香り成分が、練り込みの工程で引き出されます。例えば、アルデヒド、エステルなどの香り成分が、オリーブそのものに含まれる酵素の働きによって形成され、オイルの香りにつながります。その酵素が活性化する温度帯は18〜25℃です。練り込みの際の温度が酵素や香り成分にも影響を与えるのです。練り込み温度は27℃以下に保たれること、また練り込み時間は15〜30分間が望ましいといわれています。練り込み温度が高ければ高いほどより多くのオイルが抽出できますが、欠陥の要素である「cotto（伊）＝加熱」や「stracotto（伊）＝焦げ」の原因にもなります。

オイル分抽出・水分除去・濾過・保存

オイルを搾りかすや水と分離して抽出します。伝統的には「フィスコリ」と呼ばれる円盤状のマットにペーストを載せて、そのマットを何層にも重ねて、上から圧力をかけてオイルを圧搾する方法がありますが、これも酸素と触れる面積や時間が長く、劣化の原因になります（p.23**BC**）。
現在は「デキャンタ」と呼ばれる遠心分離機を用いる遠心分離法で行うことが多くなっています（p.23③）。ペーストに大量の水を加えて遠心分離機にかける3つ口（3相式）と、香りや微量成分が失われないよう加水をせずに、より品質の高いオイルが抽出できるとされている2つ口（2相式）があります。

その後、オイルと残っているわずかな水分を分ける遠心分離機にかけて、オイルのみを抽出します（p.23④）。
次に澱を取り除きます。沈降分離によってオイルの上澄のみ取り出すか、機械で濾過します。一般的なのはフィルターを何層にも重ねた機械にオリーブオイルを通す方法です。最新のフィルターはステンレス製で、より高性能に澱を取り除きます（p.23⑤）。日本では「ノンフィルター」という表示で販売されているオイルをよく見かけます。これは遠心分離機にかけた後、フィルターで澱を除かないままのオイルです。澱に関してはさまざまな意見がありますが、基本的に欠陥のリスクを高めることが研究で明らかになっています。
オイルは最終的にステンレスタンクに保存されます。品質の高いオイルを目指す生産者はタンクに窒素を充填し、およそ13〜17℃に保った清潔な貯蔵庫で保管します。以上のように搾油の工程でつねに重要なのは、**酸化を防ぐことと温度の管理**なのです。コンピューターによる完全管理が可能な搾油工程であっても、オリーブの実のコンディションを注意深く見守り、温度帯と練り込みの時間を調整するなど、生産者の感覚をもって機械をコントロールすることで、より良いオイルをつくることができるのです。

オリーブオイル搾油工程

①洗浄の様子。

②-1 練り込みの様子。

②-2 酸素に極力触れないよう設計された最新の練り込み設備。

②-3 コンピューターで練り込み温度を管理。

③ ②のペーストを遠心分離機で油分、水分、搾りかすに分離。

④-1 さらに遠心分離機にかけてごく少量の水分を取り除く。

④-2 抽出されたばかりのオリーブオイル。

⑤-1 フィルター。最終的に澱とごくわずかな水分を取り除き劣化を防ぐ。

⑤-2 近年開発された最新式のステンレスフィルター。

伝統的な搾油工程

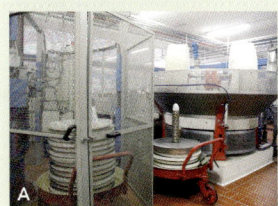
大きな石臼の粉砕機。粉砕の時にオリーブの実は空気に触れたまま。

粉砕してペースト状になったものをフィスコリの上に一定の厚さで絞り出す。

ペーストを載せたフィスコリを重ねて、油圧式の圧搾機で搾油する。

統計から見る
世界と日本のオリーブオイル事情

IOCの統計をもとにした、オリーブオイル生産量、輸出量、輸入量の世界上位10カ国のグラフです。2000年以降、南半球でオリーブオイルの生産が本格化し、アメリカ合衆国や日本の健康志向による需要が高まるなど、世界の流通事情は変化し続けています。日本の輸入量の伸びは近年再び顕著になり、生産大国から注目されています。

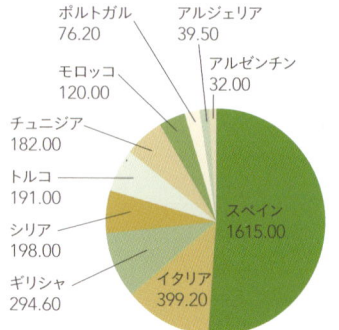

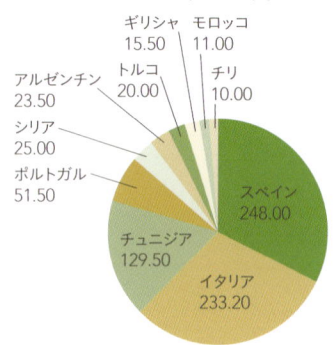

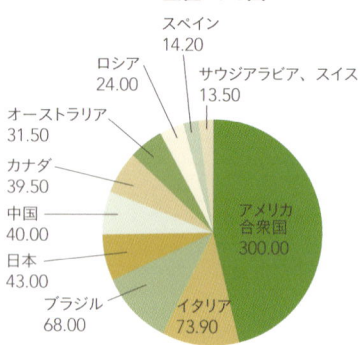

＊すべて収穫年・2011年10月〜2012年9月の数値　単位:1000t

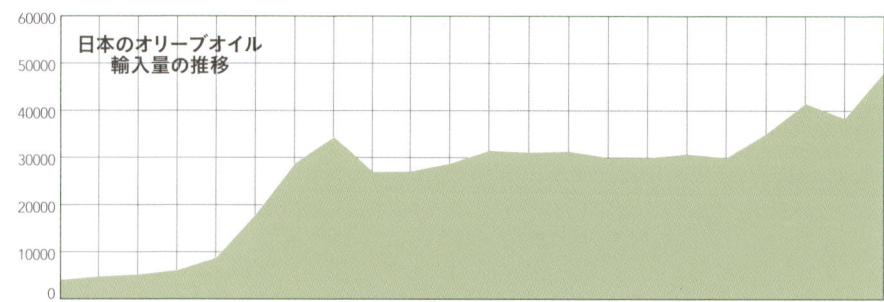

＊オリーブポマースオイルを含む。

2

日本で入手可能な
世界のオリーブオイル・カタログ

日本で味わいたい世界のオリーブオイル
鑑定士が選んだ142本

「どのオリーブオイルを選んだらよいのかわからない」。オリーブオイルを生活にとり入れたいと考えている方からよく聞く言葉です。輸入量は右肩上がりに増え、国内での生産地も広がるなど、日本のオリーブオイル市場は近年ますます活況を呈しています。そして、輸入食材を扱う店でなくても、身近なスーパーの棚に何種類ものオリーブオイルが並んでいるのを目にすることができます。

しかし、選択肢が増えた一方で、選ぶための情報がいまだ不足しているのも事実です。ここではみなさんが、自分のお気に入りの1本を選んで普段の生活の中で楽しんでいただくための手がかりとして、日本で入手可能な良質なオリーブオイル142本を紹介します。

142本を掲載するにあたって、まず初めにしたことは、これまで私が国内外のオリーブ産地や、オリーブオイルの国際コンテストなどで出会ったオイルの中で、良質で個性があると感じたもののピックアップです。さらに2014年の春、それらのオイルの今季ものをすべてテイスティングし、いわゆる「欠陥」の要素がなかったもののみを選定しました（欠陥やテイスティングの方法についてはp.14-17を参照）。

一点だけ、お断りしたいのは、記載しているオイルの特徴は、私がテイスティングした時点でのその1本の状態だということです。オリーブオイルは製品になった後も劣化するので、その品質を保持するために細かな心配りと技術が必要な繊細な食品です。そのような食品を、遠く離れた国から最適な状態で輸送し、良い状態で管理するのは容易なことではありません。輸入会社のみなさんが尽力し、丁寧に届けてくれることで、このように多種多様なオリーブオイルを日本でも味わえるようになったといえます。またオリーブオイルは現在進行形で、さまざまな銘柄が日本に輸入されています。ここに掲載されているオリーブオイル以外にもまだまだ良質で個性的なオリーブオイルがあるということも書き添えます。

1本1本のオイルは香りも、苦味や辛味の強弱もそれぞれ違います。どれが一番ということではなく、その特徴や個性を目安に、ご自分の好みや用途にあったオリーブオイルを手に取っていただけたら幸いです。

オリーブオイル・カタログの見方

オリーブオイルは国別に、さらにメーカーごとに、まとめて掲載しています。各国の冒頭には、その国におけるオリーブ栽培の状況や、オリーブオイルの生産・消費事情などを紹介しています。また、読者のみなさんが、生産現場を想像し、オイルの個性を読み取っていただけるよう、メーカーの基本情報を入れています。掲載情報の詳細と凡例は右頁を参照してください（オイルの色みについては品質を判断する基準にならないので、記載していません）。

メーカー名
Azienda Agricola、法人名などは省略。

生産地

メーカーについて

生産国

ラツィオ州ラティーナ県ソンニーノ

Maggiarra Impero
マッジャーラ・インペーロ

青いバナナとトマトの香りが秀逸
デリケートながら華やかなオイル

イタリア / Italy

メーカー名・住所
イタリアとスペインは国名除く。
HPアドレス

Azienda Agricola Biologica
Maggiarra Impero
Via C.V. Pellegrini 10, Sonnino Latina, Lazio
http://www.imperomaggiarra.it

標高
オリーブ栽培地の標高を表す。

430m

栽培法
オリーブの栽培方法。伝統的栽培法と密集栽培法(p.18参照)に分類。

樹間を広くとった伝統的栽培法

収穫法
手摘み、手摘み+機械式、機械式(p.18-19参照)に分類。

手摘み

搾油・抽出方法
自社搾油所か、共同搾油所などか、また抽出方法が石臼とプレスを使った圧搾法か、連続サイクル方式の遠心分離法か、それ以外かを示す(p.20-23参照)。

自社搾油所
連続サイクル方式(遠心分離法)

マッジャーラ家が1947年に創業した家族経営の会社。「黄金の谷」と呼ばれる地域で栽培される通称「ガエータ」(イトラーナ種)は質が良く、コッリーネ ポンティーネBIOはこのオリーブのみを使用。インペーロの自社農園には、樹齢800-1000年を超える木々もあり、レモン、イチジク、サボテンなども自生する。

BIO
EUやその他の認定機関により認証を受けたことを示す。

IMPERO
COLLINE PONTINE D.O.P. BIO
インペーロ コッリーネ ポンティーネ D.O.P. BIO

オリーブオイル製品名

🌿イトラーナ 🔥ライトな状態でありながら、華やかさを持つオイル。青いバナナ、柔らかな草、少し熟したトマトの特徴的な香りを持つ。口に含んだときに抜ける香りも同様。口中にきちんと辛味が広がり、後味も持続する。苦味はほとんどない。🍴優しい味わいの前菜全般に使える。トマトを使ったサラダ、カポナータ、ポテトサラダ、カリフラワーのサラダ、アスパラガスやカボチャのポタージュスープ、ミネストローネなど、苦味の強くない野菜料理と相性が良い。魚介類ともよく合う。白身魚のカルパッチョ、アサリの酒蒸し、淡白な魚をボイルしたものにかけても。日本の料理なら豆腐料理など、繊細な味わいのものと相性が良い。煮物や煮魚などに使えば、爽やかな香りと軽やかなコクをプラスできる。

プリマヴェーダ(250ml／500ml)

輸入会社名
問合せ先はp.126-127参照。カッコ内は取扱い容量。

D.O.P.(P.D.O.)とI.G.P.
D.O.P.(原産地保護呼称)は、生産(栽培、収穫)、製造過程、製品化まで、すべて特定の地域内で行われたもの。原産地の地理的環境や製造技術などが製品の品質に反映されているものに与えられる。
I.G.P.(地域保護表示)は、生産(栽培、収穫)、または製造過程、または製品化が、特定の地域内で行われたもの。
ともにEUの規定に基づく厳しい認定基準が設けられており、認証機関の検査を受ける必要がある。オリーブオイルだけではなく、他の食品にもつけられる認証。

オリーブオイルの特徴
🌿使用品種。単一品種とブレンドがある。
🔥ポジティブな要素(香り・苦味・辛味)の特徴。ライトやミディアム、インテンスという表現は、上記ポジティブな要素の強さを表す。味わいの表現はp.14-17鑑定の方法も参照。
🍴相性のよい食材や料理。ここでは数例を紹介。香りや味わいの特徴を参考に、これ以外の使い方や合わせ方もぜひ積極的に試してほしい。

27

オリーブオイルの
選び方・保存方法のアドバイス

日常生活で知っておくと役に立つオリーブオイルの選び方・保存方法をご紹介します。店頭などで選ぶ際、容器の材質、澱の状態、光や熱などの影響を受けていないか、ラベル表記などを、チェックしてみましょう。また、よく勉強している販売業者や輸入業者は意識が高く、オイルの品質維持や取り扱いにも注意をしています。最近は店頭で試飲できる機会も増えてきました。味や香りを確かめられる時はなるべく試飲をして、好みのオイルを探してみてください。

容器はガラス製の遮光瓶を

光によってオイルは劣化するため、透明なガラス瓶よりも遮光性の高い黒いものがよいでしょう。透明な場合は何かで覆う工夫をしましょう。運搬容器としての役割が大きい缶は軽量で、旅先から持ち帰るにも重宝ですが、材質によっては、長期間入れたままにするとオイルに金属臭が移って欠陥につながることもあります。早く使い切るか、別の密閉容器に移しても良いでしょう。プラスチックはもともと酸素を通す素材なので長く良い状態でオイルを使うことを考えれば適していません。最近、オリーブオイル用のステンレス製ボトルが開発されました。光による劣化を完璧に防いでオイルの品質を保ち、軽くてリサイクル可能な点からも注目されています。

蓋もゆるみがなく、空回りせず、きっちりと閉まることが大切です。

澱のあるものには注意を

瓶の底に澱がかなり溜まっているオリーブオイルを見かけます。澱はオイルが欠陥となる可能性を高めます。近年、オイルを良い状態で長く楽しむためには、澱がない方がよいことが研究によって明らかになり、搾油工程のフィルターが改良されて澱を限りなくゼロに近づけるよう技術開発が進んでいます。ただし、澱があるからといって、それが欠陥オイルであるとは限りません。製造後、沈降分離やフィルターで澱を取り除かないまま販売される「ノヴェッロ」と呼ばれるオイルも、そのひとつの例です。ノヴェッロは沈殿物も渾然一体となった無濾過の新物で、フレッシュな味わいが醍醐味です。通常イタリアでは、新物が出回る頃に、期間や本数限定で売り出されます。その年の収穫を祝うような気持ちもありますね。しかし、澱が混ざっているため長持ちしませんし、できたてのはじけるような味わいには、そのオイルが本来持つ個性を感じにくいものです。搾油後あまり時間をおかずに消費するのが良いでしょう。

光や熱などを避けて保存

保存する時は、光が当たるところや、コンロの側など熱源の近くには置かないよう気をつけましょう。店舗でも、光が当たる所や熱くなる場所で販売されているものは良い状態とはいえません。また強い臭いがあるような場所も避けましょう。

保存は光の当たらない涼しい場所で。保存に適した温度は13〜15℃くらいといわれますが、一般家庭では18℃以下だと理想的でしょう。冷蔵庫に入れるとオイルが固まり、劣化につながります。
また、空気に触れると酸化するので、蓋はこまめに閉めましょう。

いつまで日持ちするか？

EUの規定では瓶詰めされた日から18か月を超えない消費期限をラベルに明記することが決められています。しかし1年経つと、次の年のオイルが出てきます。常に良い状態のオイルを使うために、できるだけ1年ぐらいで使っていただいたほうがよいでしょう。また開封してからは、保存状態にもよりますが、2か月ぐらいを目安に使い切ることをおすすめしています。

オリーブオイルはワインと違って、開封しなくても時間が経てば経つほど劣化・酸化が進むものです。自分の食生活に合った適量サイズのオイルを購入し、できるだけ新鮮なうちに消費していただくほうが望ましいです。

ラベル表記の見方

EUやIOC加盟国ではラベルに様々な情報の記載が求められる。下の例は、EUの規定に準じた生産者のラベル。ラベルの記載項目には表示義務のあるものや、任意表示のものがある。日本では輸入品について同等の表示義務はなく、このような詳細情報が見られない場合も多い。

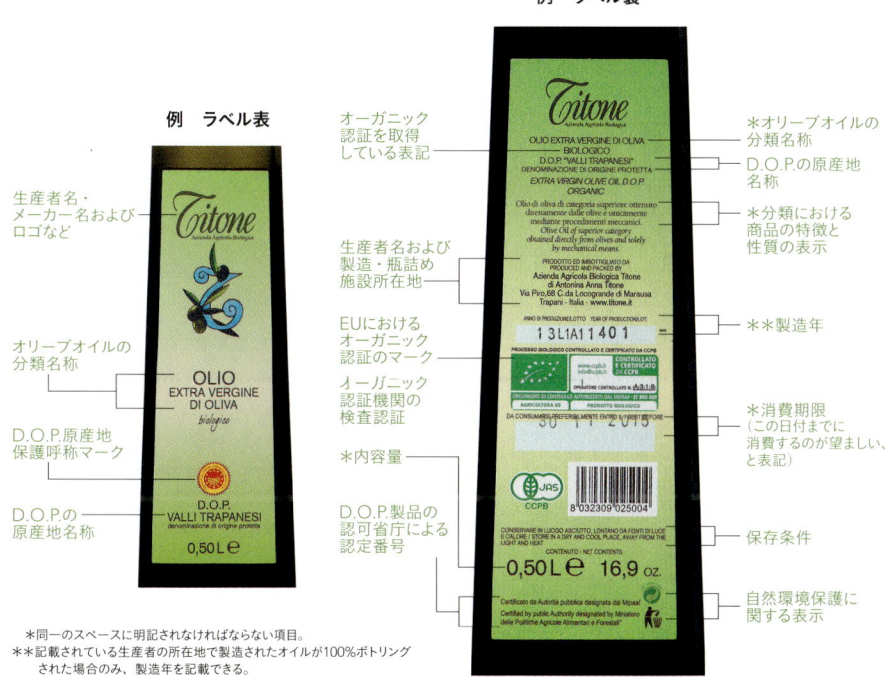

＊同一のスペースに明記されなければならない項目。
＊＊記載されている生産者の所在地で製造されたオイルが100%ボトリングされた場合のみ、製造年を記載できる。

イタリア

栽培面積●約114万4422ヘクタール
栽培本数●約2億2470万本
　生産量●約45万トン

イタリアは世界第2位のオリーブオイル生産国であり、世界一のオリーブの品種の多様性を誇ります。
世界には1300種以上ものオリーブがありますが、そのうちおよそ600種がイタリアに分布しています。北部の一部を除き、ほぼイタリア全土に栽培地は分布していますが、とりわけ南部で栽培が盛んで、全体の約90%を生産しています。ちなみに中部が約8%、北部が約1.5%を占めます。州別生産量は多い順に、プーリア、カラブリア、シチリア、カンパーニア州が上位4州で、全体の約80%を占めます。次いで、ラツィオ、アブルッツォ、トスカーナ、バジリカータやリグーリア州が続き、全体の約10%を占めます。
生産量世界1位のスペインに比べ、栽培総面積はおよそ2分の1ですが、搾油所の数はスペインの3倍近くあります。これは畑の近くに搾油所を作ることで高品質のオイル作りを実現したり、中・小規模の生産者が各々の土地のオリーブの個性を大切にしているからでしょう。例えばトスカーナ州やウンブリア州は、中部イタリアを代表するフラントイオ、レッチーノ、そしてモライオーロ、リグーリア州ではタジャスカ、プーリア州ではコラティーナやペランツァーナ、シチリア州ではノチェラーラ・デル・ベリチェ、チェラスオーラ、ビアンコリッラ、そしてトンダ・イブレアといったように、州や町で異なる土着品種を大切に守り育てています。それぞれが自分の町のオリーブが一番と思っているところがあり、それがこのように多様な品種が栽培され続けてきた理由かもしれません。
イタリアでは栽培、収穫、製造まで最先端の研究が行われ、最新技術の開発や導入に積極的です。丘陵地が多いため、大量生産型のオイル作りが難しく、品質で勝負をしていくことが世界市場での競争力につながることを、生産者も研究者も意識しています。多様性と古き良きスタイルを守りつつ、技術革新を追求しながら世界のオリーブオイルシーンを牽引しています。

Italy

アブルッツォ州ペスカーラ県ペンネ
Frantoio Hermes
フラントイオ・エルメス

豊かな自然に育まれた
土着品種100%の個性的な香り

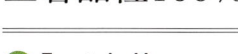

Frantoio Hermes
Contrada Planoianni 13, Penne, Pescara, Abruzzo
http://www.frantoiohermes.it

- 400m
- 樹間を広くとった伝統的栽培法
- 機械式
- 自社搾油所
  連続サイクル方式(遠心分離法)

2009年創業と新しい会社ながら、3世代に渡り受け継がれてきた畑で土着品種をはじめ多品種を栽培し、個性的なオイルを生産している。アブルッツォ州内陸の神秘的な山、グランサッソなど周囲を山々に囲まれていることから、冬でも温暖な気候に恵まれている。秘境と呼ばれる地で丁寧にオイル作りに取り組んでいる。

MINERVA
ミネルヴァ

PULCRA
プルクラ

コラティーナ 青いアーモンド、アーティチョーク、そして苦味のある野菜・カルドや黒胡椒の香りを持つ。甘味のないナッツのような香ばしさや、スモークしたような個性的な香りも感じる。苦味も辛味もしっかりと持ち、ともに強さのバランスが良い。ユニークな香りを生かしてスモークした料理と合わせて。アーモンドをまぶした魚や肉のフリットにも合う。

ベッラ・ディ・チェリニョーラ 刈ったばかりの草、アーティチョークの蕾や青いアーモンドの香りを少し含む。サヤインゲン、空豆など青い豆類の香りとともに、タケノコのような香りの要素もあるユニークなオイル。辛味と苦味がともに強い。青い豆類の香りを生かして空豆などのサラダに。唐辛子系の辛味を加えて合わせる料理との相性も良い。

プリモオーリオ ジャパン(250ml／500ml)

イタリア

アブルッツォ州ペスカーラ県チッタサンタンジェロ

FORCELLA
フォルチェッラ

羊や山菜など山の素材と相性抜群
個性豊かなオイル

Azienda Agricola Forcella
Contrada Fonte Umano, Città Sant'Angelo,
Pescara, Abruzzo
http://www.agricolaforcella.it

100-300m

樹間を広くとった伝統的栽培法

手摘み＋機械式

自社搾油所　連続サイクル方式（遠心分離法）

17世紀半ばから続く歴史ある生産者。アドリア海に面した地域で複数の品種を栽培。それぞれの実の状態を丁寧に管理し、土着品種を生かしたオイルを生産している。

APRUTINO
PESCARESE D.O.P.
アプルティーノ ペスカレーゼ D.O.P.

MONOVARIETA
INTOSSO
モノヴァリエタ イントッソ

MONOVARIETA
DRITTA
モノヴァリエタ ドリッタ

ドリッタ、レッチーノ、フラントイオ、イントッソ 全体的にバランスが良く、青々しさを感じる。刈ったばかりの草、アーティチョーク、オリーブの葉が穏やかに香る。辛味と苦味は同様にしっかりとあり、かつエレガント。 羊肉の料理や豆類の料理との相性が抜群。生のアーティチョークのピンツィモーニオ（p.114）にも。

イントッソ アーティチョーク、刈ったばかりの草、オリーブの葉、青いアーモンドの香りを持つ。辛味はしっかりと、苦味が若干強く持続する。 セロリ、菜の花、ラディッキオ、山菜など苦味のある野菜と合わせて。肉のグリルともよく合う。

ドリッタ 青いアーモンド、オリーブの葉、刈ったばかりの草、アーティチョークの香りを持つ。他に、茶葉やみずみずしいレタスのような香りが特徴。やさしい辛味が持続する。 唐辛子を使った料理、山椒や胡椒を使ったスパイシーな料理と相性が良い。

シイ・アイ・オージャパン（250ml）

アブルッツォ州ペスカーラ県
ピアネッラ
Pierantonio
ピエラントニオ

6品種もの味わいを
調和させる技術の高さ

Azienda Agricola Chiavaroli Pierantonio
Contrada Astignano 47, Pianella, Pescara, Abruzzo

150-170m

樹間を広くとった伝統的栽培法

機械式

共同搾油所など　連続サイクル方式（遠心分離法）

家族で有機農法に取組み、オリーブや野菜を栽培し、加工品を製造。アブルッツォ州の土着品種のオリーブを多数栽培し、樹齢100年を超える木を大切に育てている。

Verde Germoglio
BIO
緑の新芽 BIO

ドリッタ、レッチーノ、ジェンティーレ・ディ・キエーティ、クローニャレーニョ、オリバストロ、イントッソ。辛味も苦味もそれほど強くない、マイルドなオイル。青い草、レタスなどの野菜の香り。

DOP
Terre di Astignano
Aprutino Pescarese D.O.P. BIO
アスティニャーノの大地 D.O.P. BIO

ドリッタ、レッチーノ、ジェンティーレ・ディ・キエーティ、クローニャレーニョ、オリバストロ、イントッソ。辛味も苦味もそれほど強くない。青いアーモンド、草、ハーブの香りが感じられる。

ひこばえ
（緑の新芽250ml／アスティニャーノの大地500ml）

アブルッツォ州キエーティ県
カーソリ
SAPORI DELLA MAJELLA
サポーリ・デッラ・マイエッラ

マイエッラ山の麓で
土着品種を無農薬栽培

Azienda Agricola SAPORI DELLA MAJELLA
Contrada Fiorentini 7.Casoli, Chieti, Abruzzo
http://www.saporidellamajella.it

370m

樹間を広くとった伝統的栽培法

機械式

自社搾油所　連続サイクル方式（遠心分離法）

オイル名はマイエッラの味という意味で、マイエッラ山の恵みを味わってほしいとの思いがある。自然農法で土着品種を栽培し、種を抜いたデノッチョラートで搾油している。

SAPORI DELLA MAJELLA
GENTILE di CHIETI
サポーリ・デッラ・マイエッラ
ジェンティーレ・ディ・キエーティ

ジェンティーレ・ディ・キエーティ。苦味はそれほど強くない。辛味も初めはそれほど感じないが、後からじわじわと広がっていく。草の香り、野菜の香り、レタス、青いアーモンドの香りを少し感じる。青いバナナの皮の香りも最後に上がってくる。少しアーティチョークの香りも口中から鼻に抜ける。

オリーブ・ランド（250ml）

イタリア / Italy

TURRI
トゥッリ

ヴェネト州ヴェローナ県
カヴァイオン・ヴェロネーゼ

北部、ガルダ湖周辺の希少な品種を大切に栽培

TURRI
Strada Villa 9, Cavaion Veronese, Verona, Veneto
http://www.turri.com

- 200-300m
- 樹間を広くとった伝統的栽培法
- 手摘み
- 自社搾油所　連続サイクル方式（遠心分離法）

イタリアのオリーブ栽培では北限といわれ、デリケートなオイルを生産するガルダ湖周辺。東岸のヴェネト州ヴェローナで搾油所を経営するトゥッリ家は、老舗大農園で、地域に根づいた品種を大切に栽培している。

DOP
TURRI
GARDA Orientale D.O.P.
トゥッリ
ガルダ オリエンターレ D.O.P.

💧カザリーヴァ、フォルト、レッチーノ、モルカイ、ペンドリーノ、ロザネル、トレップ💧非常にデリケートなオイル。微かな青い草の香りと青いアーモンドの香りを感じる。苦味はほとんどなく、辛味も穏やかで後からほのかに感じる。🍴デリケートな青みを生かす料理に合わせて。淡水魚を調理する際に。野菜も優しいレタスのサラダやナスを使った料理などに。

オリオテーカ（250ml）

BONAMINI
ボナミーニ

ヴェネト州ヴェローナ県
イッラージ

土着品種グリニャンに特有の青々としたフルーツの香り

FRANTOIO BONAMINI S.R.L.
Loc. S. Giustina, 9A - Illasi, Verona, Veneto
http://www.oliobonamini.com

- 170-200m
- 樹間を広くとった伝統的栽培法
- 手摘み＋機械式
- 自社搾油所　連続サイクル方式（遠心分離法）

ヴェネト州の土着品種を守ってきた家族経営の搾油所。オリーブ栽培農家から良質のオリーブの実を仕入れ、自社で搾油。生産の技術革新に取り組んでいる。

DOP
BONAMINI
Veneto Valpolicella D.O.P.
ボナミーニ ヴェネト
ヴァルポリチェッラ D.O.P.

💧ファヴァロール、グリニャン💧この地域の土着品種に典型的な青いバナナの香りを持つ。ほか青いリンゴをはじめフルーツや柑橘類、熟したトマト、ローズマリーやミントの香りを微かに感じる。苦味はほとんどなく、辛味はほどほどに持つ。🍴デリケートなので、優しい料理に向いている。果物やドルチェにかけても。魚介類の料理全般に合う。

OLiVO（100ml／計量販売）

カラブリア州コゼンツァ県
アルバネーゼ
LIBRANDI
リブランディ

カラブリア州で
シチリア品種の魅力を引き出す

Azienda Agricola Pasquale Librandi
Via Marina 45 Vaccarizzo, Albanese,
Cosenza , Calabria
http://www.oliolibrandi.it

100-500m

樹間を広くとった伝統的栽培法

手摘み+機械式

自社搾油所
連続サイクル方式（遠心分離法）

代表的産地のひとつ、カラブリア州で、土着品種のカロレアと、シチリアの品種ノチェラーラ・デル・ベリチェのそれぞれ単一品種オイルを作る家族経営の生産者。

LIBRANDI
BIO
リブランディ BIO

🌿 ノチェラーラ・デル・ベリチェ 💧 青いトマトやその葉の香りを持つ。口中ではナッツや青いアーモンドの香りを感じる。辛味はしっかりと、苦味は穏やか。シチリアのノチェラーラとは異なり、少し草の香りが強く、ミントやバジルなどハーブの清涼感を微かに持つ。🍴 ハーブ、特にローズマリーやミントを使った魚料理に。赤身肉などとも合う。

OLiVO（100ml／計量販売）

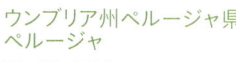
ペルージャ
BATTA
バッタ

ドルチェ・アゴージアの
古木を受け継ぐ生産者

FRANTOIO GIOVANNI BATTA
Via San Girolamo 127, Perugia , Umbria
http://www.frantoiobatta.it

300m

樹間を広くとった伝統的栽培法

手摘み+機械式

自社搾油所
連続サイクル方式（遠心分離法）

1923年にオリーブ栽培と搾油所経営を家族でスタートし、代々受け継いでいる生産者。トラジメーノ湖周辺の土着品種、ドルチェ・アゴージアの古木を受け継いでいる。

BATTA
D.O.P. UMBRIA Colli del
Trasimeno BIO
バッタ
D.O.P. ウンブリア
コッリ デル トラジメーノ BIO

🌿 フラントイオ、ドルチェ・アゴージア、レッチーノ、モライオーロ 💧 青いアーモンド、アーティチョークの蕾、後味にナッツ系の香りを感じる。苦味も辛味も程よく持つ。辛味は後からじわじわと感じる持続性がある。🍴 ナッツを使った料理やアーティチョークなど個性のある野菜のサラダ、パンチェッタなど脂身に甘さのある肉類を加えた豆料理、淡水魚の料理などに。

オリオテーカ（250ml）

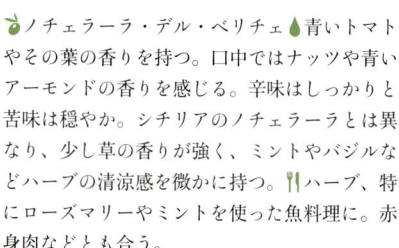

イタリア

ウンブリア州ペルージャ県ベットーナ
Decimi
デチミ

すばらしく青々しい香り、苦味と辛味
中部イタリア代表品種の特徴が際立つ

Emozione
エモツィオーネ

Moraiolo
モライオーロ

🫒モライオーロ、サンフェリーチェ、フラントイオ、レッチーノ🫒4種類のオリーブのブレンドオイル。青いアーモンドや刈ったばかりの青い草の香りを、口中ではアーティチョークの香りを感じる。苦味も辛味もしっかりと持つ。全体的に青々しく新鮮な香りと華やかな印象。🍴グリルした野菜やレンズ豆のスープ、薪火で焼いたブルスケッタなどと相性が良い。

🫒モライオーロ🫒モライオーロの苦味の奥にある複雑な香りを引き出したバランスの良いオイル。アーティチョークの茎、青いアーモンド、オリーブの葉、ユーカリの葉の香りを感じる。ルッコラのようなハーブの香りも持つ。口中では草の香りと、ローストしたようなふくよかな苦味と旨味を感じる。🍴独特の苦味を生かし、肉のグリルや、胡椒を使った肉料理に。

カーサヴォーナ（エモツィオーネ250ml　モライオーロ、フラントイオ、サンフェリーチェ500ml）

イタリア / Italy

Azienda Agricola Decimi
Via Prigionieri 19, Passaggio di Bettona, Perugia, Umbria
http://www.decimi.it

- 350-500m
- 樹間を広くとった伝統的栽培法
- 手摘み
- 自社搾油所
- 連続サイクル方式（遠心分離法）

デチミ家はなだらかな丘陵地帯で栽培から搾油まで一貫して行っている生産者。祖父から受け継いだ畑で中部イタリア代表品種を有機栽培している。搾油所では微妙な温度調整から最新搾油設備のカスタマイズまで、メカニカルなこだわりを持ち、すべてのプロセスで自分たちの目指す味を追求している。搾油所にはテイスティングのできるショールームを持ち、見学者を受け入れている。

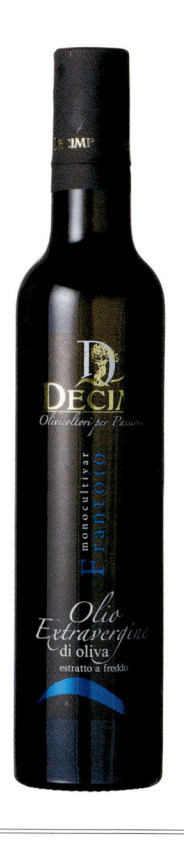

Frantoio
フラントイオ

San Felice
サン フェリーチェ

フラントイオ　標高350mで栽培されたフラントイオ単一品種のオイル。アーティチョークの蕾、刈ったばかりの青い草、カルドなど苦味のある野菜の香りがまず感じられる。苦味と辛味が非常に強く、口中での香りも高いオイル。強い苦味と辛味を生かして鴨肉、鹿肉、イノシシ肉の料理に。アーティチョークや生のフィノッキオのピンツィモーニオに（p.114）。

サンフェリーチェ　標高500mで栽培されたサンフェリーチェ単一品種のオイル。青いアーモンドと青草に加え、葉もの野菜の香りが立ち、口中では後味にアーティチョークやオリーブの葉の香りも感じる。辛味は中程度に持ち、どちらかというと苦味が先に立つ。生野菜やキノコ料理、鶏肉料理などと相性が良い。ミネストローネやレンズ豆のスープともよく合う。

ひこばえ（エモツィオーネ250ml　サンフェリーチェ500ml）

イタリア

ウンブリア州ペルージャ県フォリーニョ
Viola
ヴィオラ

中部イタリアの品種を知り尽くした生産者
個性を最大に表現したスパイシーなオイル

Italy

INPRIVIO
インプリヴィオ

IL SINCERO
イル シンチェーロ

🌱フラントイオ、レッチーノ💧ウンブリア州のオイルの中では比較的苦味と辛味の穏やかな1本。青いアーモンド、葉もののレタスのようなみずみずしい野菜の香りを持つ。口中で最後にナッツの香りを感じる。しっかりとした苦味と辛味のインパクトがあるが、苦味は穏やかに、辛味もすっと消えていく。🍴葉もの野菜のサラダ、ロールキャベツ、鶏肉や豚肉の料理と。

🌱モライオーロ💧良質なオイルの証であるポリフェノール値が高いことを窺わせる。苦味と辛味は強いが、バランスがとれていて、搾油の技術力を感じる。アーティチョークの茎や刈ったばかりの草の香りを感じる。口中では黒胡椒やオリーブの葉の香りも抜けていく。🍴グリル野菜、ニンニクを効かせたブルスケッタ、粒胡椒を使う牛肉の煮込み料理ペポーゾなどに。

アマテラス・イタリア（100ml／トラディツィオナーレは500mlもあり）

世界のオリーブオイル・カタログ

Azienda Agricola Viola

Via Borgo San Giovanni 11／B, S.Eraclio,
Foligno, Perugia, Umbria
http://www.viola.it

- 350-500m
- 樹間を広くとった伝統的栽培法
- 手摘み
- 自社搾油所
  連続サイクル方式（遠心分離法）

フォリーニョの街で、オリーブ栽培と搾油所運営を19世紀から家族で行ってきたヴィオラ家。中部イタリアを代表する品種の特性を熟知し、ひとつひとつの品種をベストの状態のオイルに作り、その良さを生かすブレンド技術が非常に高い。香りと味わいの絶妙なバランスを備えたオイルをラインナップしている。

イタリア / Italy

Colleruit A
D.O.P. UMBRIA
コレルゥイータ
D.O.P. ウンブリア

🌱モライオーロ、フラントイオ、レッチーノ💧
アーティチョークの茎、刈ったばかりの青い草、オリーブの葉の香りを感じる。苦味と辛味をともにしっかりと持ち、持続性もある。中部イタリアを代表する3品種のブレンドがすばらしい。畑から搾油所まで、管理を念入りに行っていることを感じさせる。🍴野菜のスープ、豆のスープ、牛肉や仔羊肉と合わせて。

VIOLA
TRADIZIONALE
ヴィオラ
トラディツィオナーレ

🌱フラントイオ、レッチーノ、モライオーロ💧
アーティチョークの蕾、ルッコラ、青いアーモンドの香りを持つ。かすかにトマトの茎の香りも残る。苦味も辛味もしっかりと持つが強くはなく、ミディアムの状態で心地よく持続する。緑深いウンブリアの環境に育まれた素朴で健康な味わいと香り高さを備えている。🍴生野菜、肉料理、チーズを使ったソースなど。

イタリア

カンパーニア州ベネヴェント県ポンテ
Frantoio ROMANO
フラントイオ ロマーノ

幅広い料理に活用できる
土着の単一品種とブレンドの2種

Frantoio ROMANO
Via Staglio, Ponte, Benevento, Campania
http://www.frantoioromano.it

- 250-550m
- 樹間を広くとった伝統的栽培法
- 手摘み+機械式
- 自社搾油所 連続サイクル方式(遠心分離法)

19世紀から続く家族経営の生産者。現社長のアルベルト・ロマーノの情熱と努力は計り知れない。より高品質のオリーブオイルを目指し、畑から搾油所まで最新設備と技術を導入しつつ、細部まで繊細に気を配っている。土着品種の個性と長所を大切にし、オイルと食の楽しみ方も提案している。

FRANTOIO ROMANO Ortice Riserva
フラントイオ・ロマーノ
オルティチェ リゼルヴァ

FRANTOIO ROMANO Gold
フラントイオ・ロマーノ
ゴールド

🌿オルティチェ💧さわやかさと華やかさを兼ね備える。熟したトマトから青いトマトの微かな香りまで、トマトを中心とした良い香りが持続する。青いバナナの皮、青菜を収穫したときのみずみずしい香りも持つ。苦味は強くなく、辛味はしっかりあるが心地よい。🍴生野菜に塩をかけず、オイルだけで食べても味わいがある。トマト料理との相性も抜群。

🌿レッチーノ、フラントイオ、ペンドリーノ、オルトラーナ、ラッチョペッラ、オルティチェ、その他土着品種💧複数の品種をブレンド。アーティチョークの蕾、オリーブの葉、ハーブ類や微かなユーカリの葉の香りを感じる。口中では青いアーモンド、その後アーティチョークの香りが現れる。苦味辛味のバランスが良い。🍴オルティチェより少し強めの料理に合わせやすい。

アステイオン・トレーディング(100ml／500ml)

40

カンパーニア州サレルノ県セッレ
Madonna dell´Olivo
マドンナ デッロリーヴォ

地質学者の顔を持つ
素朴で情熱的な作り手によるオイル

Azienda Agricola Madonna dell´Olivo
Via Garibaldi 18, Serre Salerno, Campania
http://www.madonnaolivo.it

250m

樹間を広くとった伝統的栽培法

手摘み+機械式

自社搾油所
連続サイクル方式（遠心分離法）

風光明媚なアマルフィ海岸とチレント海岸に挟まれた丘陵地・セッレで、小規模ながら品質の高いオイルを生産するアントニーノ・メンネッラは地質学者でもある。種を抜いてから搾油するデノッチョラートの製法を取り入れている。

ITRAN'S
イトランズ

イトラーナ　刈ったばかりの草、オリーブの葉、そしてアーティチョークの香りを持つ。口中では熟したトマトの香りの後に甘いナッツ系の香りが感じられる。苦味はほどほどに、辛味はしっかりと感じる。単一品種のオイルだが、全体のバランスが良い。サラダやミネストローネなど。

RARO
ラーロ

ラヴェーチェ、ロトンデッラ　土着品種を1:1でブレンド。アーティチョーク、青いアーモンド、刈ったばかりの草など、非常に強い香りを感じる。ルッコラやハーブの香りも持つ。苦味と辛味ともに強く、辛味に持続性がある。グリルした野菜、キノコや豆の料理、肉料理全般に。

CARPELLESE
カルペッレーゼ

カルペッレーゼ　アーティチョークの茎、刈ったばかりの草、ユーカリの葉やオリーブの葉など強い香りを感じる。口中でも同様の香りが抜ける。辛味は非常に強く、苦味も同様にしっかり持つ。羊や牛など赤身肉のグリルに。苦味のきいたチョコレートケーキとは絶妙の相性。

プリモオーリオ ジャパン（100ml／250ml）

イタリア / Italy

カンパーニア州サレルノ県　バッティパーリア
TORRETTA
トレッタ

10月の第1週までに搾った青くさわやかな香りのオイル

Frantoio Torretta
Via Serroni Alto 29,
Battipaglia, Salerno, Campania
http://www.oliotorretta.it

- 100-150m
- 樹間を広くとった伝統的栽培法
- 手摘み+機械式
- 自社搾油所
  連続サイクル方式（遠心分離法）

創業者の娘、マリア・プロヴェンツァが技術面を大きく向上させた。栽培に細心の注意を払い、搾油所では白衣姿で搾油工程を管理する。搾油所でオイルバーのイベントを行うなど、オイルの楽しみ方も伝えている。

DOP
TORRETTA
DIESIS D.O.P. COLLINE SALERNITANE
トレッタ
ディエジス D.O.P.
コッリーネ・サレルニターネ

🍃カルペッレーゼ、フラントイオ、ロトンデッラ🫒刈ったばかりの草、レタスのような葉もの野菜、アーティチョークの蕾、柑橘類の葉のさわやかな香りも持つ。口中では最後に青いアーモンドと、イタリアンパセリやローズマリーなどハーブの香りを感じる。ほどほどの辛味と比較的しっかりした苦味がある。土着品種の若い実の力強さがあるオイル。

フレージェ（250ml）

カンパーニア州ベネヴェント県　サン・ジョルジョ・ラ・モラーラ
Le Marsicane
レ・マルスィカーネ

シェフとソムリエの夫妻が故郷の町で生産するオイル

Azienda Agricola Le Marsicane
Contrada Marsicane, San Giorgio La Molara,
Benevento, Campania

- 400m
- 樹間を広くとった伝統的栽培法
- 手摘み
- 共同搾油所など
  連続サイクル方式（遠心分離法）

ローマのレストラン、アガタ・エ・ロメオのシェフとソムリエのオーナー夫妻がディレクションし、故郷で生産するオイル。樹齢約400年の無農薬栽培の土着品種から作られる。

LE MARSICANE
ORTICE
レ・マルスィカーネ
オルティチェ

🍃オルティチェ🫒熟したトマトの良い香りがまず立ち上がるのが特徴。かすかに草の青臭い香り。口中で抜ける香りはトマトの茎やヘタの部分の香りがより強い。同時にルッコラや草を刈ったときのような香りもある。苦味と辛味はともに非常に強く、しっかりとしたボディを感じる。最後に追いかけるように青いアーモンドの香りが感じられる。

オリーブ・ランド（250ml／500ml）

サルデーニャ州ヌーオロ県
シニスコーラ
Chieddà
キエッダ

ボザーナとセミダーナの
青々しい香りが際立つ

Azienda Chieddà S.r.l.
Loc. Tanca Altara, C.P. 107, Siniscola, Nuoro , Sardegna
http://www.ottidoro.it

- 50-150m
- 樹間を広くとった伝統的栽培法
- 手摘み
- 自社搾油所
  連続サイクル方式（遠心分離法）

海に囲まれ、山々の連なりで多様な自然を持つサルデーニャ島。島の北東部、モンタルボ山脈の麓の自然保護区内にある畑で、土着品種を有機栽培する生産者。

uliari
ウリアーリー

🌿ボザーナ、セミダーナ💧青いアーモンドと干草のような香り、アーティチョークの香りを持つ。口に含んだ時もアーモンド系の香りが微かに香る。苦味は穏やかで、辛味はかなりしっかりと感じる。後味にナッツの香りが残るのが特徴。🍴ナッツを使ったり、加えたりしたサラダや、魚料理などに使ってみると良い。キノコ類や青魚にも。

フレージェ（250ml／500ml）

サルデーニャ州サッサリ県
イッティリ
Fratelli Pinna
フラテッリ ピンナ

種を抜いてから搾油する
さわやかなデノッチョラートオイル

Azienda Agricola Fratelli Pinna
Via Umberto 133, Ittiri, Sassari, Sardegna
http://www.oliopinna.it

- 250m
- 樹間を広くとった伝統的栽培法
- 機械式
- 自社搾油所
  連続サイクル方式（遠心分離法）

サルデーニャ島北部の生産者。農園内に搾油所を持ち、収穫後3〜4時間以内に搾る。種を抜いたオリーブで搾油するデノッチョラートの製法を取り入れている。

Denocciolato di BOSANA
デノッチョラート ディ ボザーナ

🌿ボザーナ💧レタスやセロリの香り、ルッコラやイタリアンパセリの香りを持つ。口中から立ち上がる香りには青いバナナや青いリンゴの香りを感じる。青いアーモンドの香りも微かに残り、若々しい青さがある。苦味と辛味は中程度だが、バランスがとれているため穏やかに感じられる。🍴グリルした野菜や魚、茹でた豆類、鶏肉を使った料理などと相性がよい。

シイ・アイ・オージャパン（250ml）

イタリア / Italy

43

イタリア

シチリア州ラグーザ県キアラモンテ・グルフィ
Frantoi Cutrera
フラントイ・クトゥレーラ

健康な早熟の青い実で搾るオイル
多様なシチリアの品種の個性を存分に発揮

Italy

Riserva
Tonda Iblea
リゼルヴァ トンダ・イブレア

Grand cru
Moresca
グランクリュ モレスカ

🫒トンダ・イブレア💧搾油所を代表するオイル。特に樹齢の長いトンダ・イブレアの実を厳選している。青いトマトの香りがすばらしく、華やかさと軽やかさを感じる。口中で抜ける香りも華やかで、青いトマトや青いリンゴの心地よい香りが持続する。苦味はほとんどなく、辛味と一緒に華やかさとさわやかさが持続する。🍴サラダ全般、魚介料理全般、ハーブ類とよく合う。

🫒モレスカ💧グランクリュ3種の中でもさわやかで穏やかなオイル。レタスのような野菜や青いナッツのやわらかな香りを最初に感じる。口中ではトマトの茎や優しい白いチコリの香りが立つ。苦味は穏やかだが、辛味をより強く持つ。🍴葉ものサラダ、蒸した野菜や魚、茹でたタコ、魚介のスープ、刺身などと相性がよい。ポテトサラダやナッツ類を入れたサラダにもよく合う。

プリモオーリオ ジャパン（リゼルヴァ250ml／500ml　グランクリュシリーズ100ml／500ml）

世界のオリーブオイル・カタログ

Frantoi Cutrera
Contrada Piano D'Acqua 71,
Chiaramonte Gulfi, Ragusa, Sicilia
http://www.frantoicutrera.it

- 150-550m
- 樹間を広くとった伝統的栽培法
- 手摘み
- 自社搾油所
  連続サイクル方式(遠心分離法)

シチリア島南東部で20世紀初頭からオリーブを栽培してきたクトゥレーラ一家。1979年に自社で搾油所を開設し、以来オリーブ栽培と搾油を一貫して行ってきた。実が比較的青いうちに摘果し、ポリフェノール値が高いオイルにすることを心がけている。土着品種や古木を大切に栽培し、その特性を引き出したオイルを製造している。ブレンドから単一品種の製品までラインナップが豊富。

イタリア / Italy

Grand cru
Biancolilla
グランクリュ
ビアンコリッラ

Grand cru
Nocellara del Belice
グランクリュ
ノチェラーラ・デル・ベリチェ

ビアンコリッラ 最初の香りはライトでとても優しいが、口に含むと強い個性を感じるユニークなオイル。青いトマトの香りが主体だが、トンダ・イブレアとは異なる個性。口中では微かに青いアーモンドを感じる。優しい香りに対して辛味のアタックが強い。苦味はほとんどない。サフランの香りを生かしたブイヤベースなどに合わせると魚介類の旨味が引き立つ。

ノチェラーラ・デル・ベリチェ 香りも味わいもしっかりとしたオイル。青いトマトの香りが主張し、トマトの葉や茎の香りまで感じられる。青い草、オリーブの葉の香りも微かに持つ。口中で抜ける香りも同様。辛味もしっかりしている。苦味は穏やか。魚介類のグリルや、シチリアのペコリーノチーズの熟成タイプに合う。トマトを使った料理との相性がよい。

45

イタリア / Italy

シチリア州ラグーザ県キアラモンテ・グルフィ
Frantoi Cutrera
フラントイ・クトゥレーラ

Selezione Cutrera
セレツィオーネ・クトゥレーラ

Segreto Mediterraneo
セグレト・メディテラネオ

🫒モレスカ、ノチェラーラ・デル・ベリチェ、ビアンコリッラ、チェラスオーラ、トンダ・イブレア💧青いトマト、レタスのような野菜やミントのような清涼感のあるハーブの香りを持つ。口中で抜ける香りに日本の梨をかじったときのような華やかな香りが立ちあがる。苦味は少なく、辛味は中程度で持続する。🍴魚介のマリネ、野菜のクスクスなどに合わせて。

🫒モレスカ💧土着品種のモレスカ単一品種オイル。トマトの茎や葉の香りを持つ。ナッツ、オリーブの葉、ミントなどハーブ類、チコリやレタスなどの葉もの野菜の香りを感じる。優しい印象の中に、独特の苦味を少し感じることができる。辛味は中程度で心地よい。🍴野菜のスープ、白身魚のカルパッチョ、ハーブを使ったサラダ、フレッシュチーズなどと相性がよい。

ベリッシモ（セレツィオーネ・クトゥレーラ100ml／250ml／500ml／750ml　セグレト・メディテラネオ500ml）

世界のオリーブオイル・カタログ

46

イタリア

Italy

Primo
D.O.P. Monti Iblei
プリモ
D.O.P.モンティ・イブレイ

トンダ・イブレア 青いトマトが香りの中心にある。そこに熟したトマトとトマトのヘタの香りが少しずつ重なる。青い草の香りも少し残る。苦味はそれほど強くなく、辛味はさわやかな状態で持続する。口中では後から青いアーモンドのようなさらっとしたナッツ香が立ち上がる。魚介類のサラダ、マリネ、グリルなど、魚介類の料理全般とよく合う。

ベリッシモ（プリモシリーズ100ml／250ml／500ml）

Primo
BIO
プリモ BIO

トンダ・イブレア トンダ・イブレアらしい青いトマトの香りがすばらしいオイル。トマトの葉の香りの要素も持つ。シンプルで豊かな香り。苦味は穏やかで、辛味はしっかりとボディがあり持続する。青く健康な状態で収穫した実であることが感じられる。ブルスケッタでシンプルに楽しみたい。生野菜のサラダ、柑橘類、魚のカルパッチョ、鶏肉などとも。

イタリア

シチリア州トラーパニ県クストナーチ
BARBERA
バルベーラ

シチリアの生産者団体を設立する行動的な老舗搾油所

Italy

LORENZO N°1
Biologico - D.O.P.
Valli Trapanesi
ロレンツォ No.1
ビオロジコ D.O.P.
ヴァッリ・トラパネージ

💧チェラスオーラ💧創業者のロレンツォ・バルベーラ氏に捧げるオイル。青いアーモンドやオリーブの葉、青いトマトの香りを持つ。後から微かにアーティチョークの香りも感じる。苦味は中程度に、辛味はしっかりと持つ。落ち着いた深みのある味わい。🍴サラダ全般、少し苦味のある野菜も合う。グリルした野菜や魚介類のスープ、魚のグリル、鶏肉や豚肉の料理にも。

LORENZO N°3
Biologico - D.O.P.
Val di Mazara
ロレンツォ No.3
ビオロジコ D.O.P.
ヴァル・ディ・マツァーラ

💧ビアンコリッラ💧3代目へのオマージュとなるオイル。やわらかな香りが心地よく持続する。青いトマトや青いアーモンドの香りが最初にくるが、その次に青いバナナの香りも感じる。苦味は穏やかで、辛味は最初のアタックは強くないものの、後からしっかりと感じ、長く続く。健康で新鮮な実で搾油したことを感じる。🍴生や茹でた野菜、魚介類の料理全般と相性がよい。

世界のオリーブオイル・カタログ

モンテ物産（500ml）

Manfredi Barbera & Figli S.p.A.
C/da Forgia, Custonaci, Trapani, Sicilia
http://www.oliobarbera.it/

- 400-700m
- 樹間を広くとった伝統的栽培法
- 手摘み
- 自社搾油所
- 連続サイクル方式（遠心分離法）

1894年創業。代々家族経営で品質を重視したオリーブオイル作りに取り組んでいる。シチリア西部3県にまたがる10以上の地域で、厳密に管理を行いながらオリーブを栽培。4タイプの粉砕機を導入するなど、搾油所には最新設備を揃え、多くの製品ラインを稼働。4代目現当主が大学と共同研究を熱心に行い、生産者団体を設立するなどシチリア全体のオイルの品質向上にも貢献。

イタリア / Italy

LORENZO N°5
da olive denocciolate
ロレンツォ No.5
デノッチョラート

ノチェラーラ・デル・ベリチェ 現当主の幼い息子、5代目へ捧げるオイル。青いトマトや青いリンゴ、ハーブ類の香りを持つ。口中ではトマト香が長く続く。辛味も比較的穏やかだが、心地よく持続する。デノッチョラートで搾られた穏やかな苦味。トマトの料理、野菜や魚のクスクス、ウニのパスタ、タコのマリネ、ボッタルガ（からすみ）を使った料理などと。

Le Soste di Ulisse
レ・ソステ・ディ・ウリッセ

ビアンコリッラ、ノチェラーラ 青いトマト、青いアーモンドの香りを最初に感じる。そこへローズマリーやバジルなどハーブ類の香りが重なる。とても香り高い華やかなオイル。香りも持続する。苦味は穏やかで、辛味はしっかりとあり、長く続く。香り、苦味、辛味が高い水準で調和したオイル。柑橘類を使ったサラダなど、野菜や魚介類全般に合う。

49

Titone

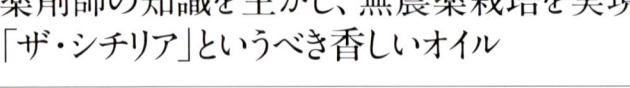

ティトーネ

シチリア州トラーパニ県トラーパニ

薬剤師の知識を生かし、無農薬栽培を実現
「ザ・シチリア」というべき香しいオイル

Azienda Agricola Titone
Via Piro 68, Loco Grande,
Trapani, Sicilia
http://www.titone.it

- 15m
- 樹間を広くとった伝統的栽培法
- 手摘み
- 自社搾油所
- 連続サイクル方式（遠心分離法）

1936年創業、代々薬剤師のティトーネ一家は、農薬の健康被害に対する問題意識から、シチリア島で初めてオリーブの無農薬栽培に取り組んだ農園のひとつ。食が健康を支える、という理念のもと、島北西部のトラーパニで、土着品種の栽培と近代的なテクノロジーで高品質のオイルづくりに取り組んでいる。

DOP
Titone
D.O.P. Valli Trapanesi BIO
ティトーネ D.O.P.
ヴァッリ・トラパネージ BIO

Titone
BIOLOGICO
ティトーネ BIOLOGICO

🌱チェラスオーラ、ノチェラーラ・デル・ベリチェ、ビアンコリッラ💧味わいと香りのバランスが素晴らしい。シチリア土着品種に典型的な青いトマトと、青いアーモンドの香りがとても高い。口中ではアーティチョークの蕾の香りも持つ。程よい苦味としっかりした辛味を持つ。🍴松の実と砕いたアーモンドを散らしたフィノッキオとオレンジのサラダに。

🌱チェラスオーラ、ノチェラーラ・デル・ベリチェ、ビアンコリッラ💧青いトマト、ローズマリーなどハーブ類、柑橘類、清々しいレモンの葉の香りを感じる。口中で抜ける香りも高く、アーティチョークの蕾の香りが残る。しっかりとした苦味と、強く持続する辛味を持つ。ボディはしっかりしているが、切れがよい。🍴清涼感を生かしてハーブを使ったサラダやソースに。

アステイオン・トレーディング（100ml／500ml）

シチリア州ラグーザ県キアラモンテ・グルフィ

Viragi
ヴィラージ

土着品種の青々しく華やかな香り
伝統と革新の中で挑戦を続ける

Viragi s.a.s.
Via Gulfi 213, Chiaramonte Gulfi,
Ragusa, Sicilia
http://www.viragi.it

- 450m
- 樹間を広くとった伝統的栽培法
- 手摘み
- 自社搾油所
  連続サイクル方式（遠心分離法）

オリーブ栽培の伝統と最新技術を駆使してオリーブオイル製造に取り組む若い農園。手入れの行き届いた畑で健康にオリーブを栽培する。D.O.P.やBIOLOGICOの他に、早摘みの実のみで搾るオイルも作る。シチリアの土着品種のチェリートマトと自社のオイルを使ったトマトソースなども製造。

イタリア / Italy

DOP
Viragi Polifemo
Monti Iblei D.O.P.
ヴィラージ ポリフェモ
モンティ・イブレイ D.O.P.

Viragi Carusia
BIOLOGICO
ヴィラージ カルシア
BIOLOGICO

🌿 トンダ・イブレア 💧 青いトマトと青いリンゴの香りを持つ。口中ではミントやバジルなどのハーブ類の清涼感が香る。苦味は穏やかで、辛味も中程度に心地よく続く。🍴 魚介類との相性がよい。トマトと魚を煮込んだ料理や、タコを使った料理にも合う。カルパッチョや、イワシのサラダ、柑橘類のサラダ、魚のグリル、鶏肉料理にも合う。トマトの料理とも相性がよい。

🌿 トンダ・イブレア、その他の土着品種 💧 香りがしっかりとある。青いトマトと青いリンゴの香りをしっかりと持つ。青いバナナの香りも微かに感じる。苦味は穏やかで、辛味は中程度に感じる。🍴 ポテトとハーブのグリル、豆類のサラダ、トマトやトマトソースを使った料理、貝類のスープやグリル、野菜や魚介を使ったクスクス、青魚のグリルなどとよく合う。

シイ・アイ・オージャパン（100ml／250ml／500ml）

51

イタリア

シチリア州ラグーザ県キアラモンテ・グルフィ

Zottopera
ゾットペラ

平均樹齢450年以上の古木をオーガニック栽培
力強くバランスの取れた風味のオイル

Azienda Villa Zottopera soc. agr. a r.l.
C.da Roccazzo Chiaramonte Gulfi,
Ragusa, Sicilia
http://www.zottopera.it

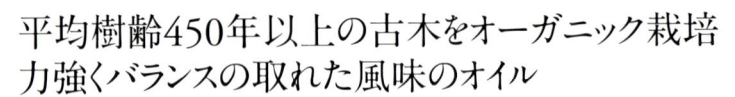

- 280-295m
- 樹間を広くとった伝統的栽培法
- 手摘み
- 共同搾油所など 連続サイクル方式（遠心分離法）

シチリア島南東部のラグーザ県にあるゾットペラ社。ロッソ一家が土着品種、希少なトンダ・イブレアをオーガニック栽培している。樹齢1000年以上のオリーブを栽培してきた農家と協力し、古木の実だけを使ったオイル"ミレニアム"も生産。古木を大切にすることで、シチリアの原風景を守り続けている。

Villa Zottopera Millennium
MONTI IBLEI
D.O.P. BIO
ゾットペラ ミレニアム
モンティ・イブレイ D.O.P. BIO

🍃 トンダ・イブレア 💧 トンダ・イブレアの特徴である青いトマトの香りがより強く、ヘタに近い部分の青々しさまで感じる。樹齢を重ねた古木から収穫した実だけを使っているので、辛味も苦味もやさしいインパクト。複雑さとバランスのよさの双方を備えた味わい。🍽 サラダ全般、トマトのブルスケッタ、魚介のマリネ、魚のソテー、白身魚のカルパッチョなどとよく合う。

薬瓶開発（250ml／500ml）

Villa Zottopera
MONTI IBLEI
D.O.P. BIO
ゾットペラ モンティ・イブレイ
D.O.P. BIO

🍃 トンダ・イブレア 💧 青いアーモンド、青いトマトの香りを持つ。口中に含むと草の香りとともに、後から微かに青いトマトの香りも立ち上がる。苦味はそれほど強くないが、辛味はしっかりと感じ、持続性がある。🍽 キノコのソテー、青魚のマリネやグリル、グリルした野菜、アクアパッツァ、赤身肉を使った料理、ハーブを使ったサラダなどに。熟成タイプのチーズにも。

シチリア州シラクーザ県フェルラ
MARINO MAURIZIO
マリノ・マウリツィオ

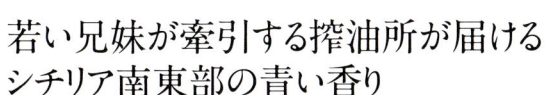

若い兄妹が牽引する搾油所が届ける
シチリア南東部の青い香り

Azienda Agricola Marino Maurizio
Via Umberto, 186/1 Ferla, Siracusa, Sicilia
http://www.aziendamarino.it

- 550-600m
- 樹間を広くとった伝統的栽培法
- 手摘み
- 自社搾油所
  連続サイクル方式（遠心分離法）

2004年創業の農園。若い兄妹が中心となり家族経営で有機認証のオリーブオイル作りに取り組む。オリーブは樹齢400年ほどの古木が多く、手入れの行き届いた栽培で健康な実をつける。早熟の青い実を収穫し、最新設備で搾油している。野生のハーブ類を乾燥させた香り高い商品も作っている。

Principe BIO
プリンチペ BIO

🌿トンダ・イブレア 💧青いトマトと微かな青いリンゴの香りを持つ。口中で抜ける香りには、より強く青いトマトを感じる。農園にはハーブが自生しているため、ローズマリーやセージ、フェンネル、バジルなどのハーブの爽やかな香りも感じられる。苦味はほとんどないが、辛味をしっかりと強く感じる。爽やかな青々しい辛味で、心地よく持続する。🍴野菜ではトマトを使った料理、ラタトゥイユ、ハーブのサラダ、蒸した野菜などが合う。魚介類では魚のグリル、マリネやスープなどに。フレッシュチーズ、ピスタチオのソースのパスタ、茹でたタコなどともよく合う。淡白な豚肉や鶏肉ともよく合い、ハーブなどを効かせて調理すると相性が良い。レモンのソルベなど柑橘類のデザートのソースとしても。

サンヨーエンタープライズ（250ml／500ml）

イタリア / Italy

イタリア

シチリア州アグリジェント県パルマ・ディ・モンテキアーロ

MANDRANOVA
マンドラノーヴァ

古代遺跡が残る町の古木を栽培
アグリツーリズモで食文化を伝える

Azienda Agricola Mandranova
Contrada Mandranova 115-Km217, Palma di Montechiaro, Agrigento, Sicilia
http://www.mandranova.it/

100-200m
樹間を広くとった伝統的栽培法
手摘み
自社搾油所
連続サイクル方式（遠心分離法）

シチリア島南西部のアグリジェント県で、樹齢数百年もの古木を大切に、土着品種のオイルを生産している。オリーブオイル搾油所の運営だけでなく、アグリツーリズモのヴィラも経営し、シチリアの風土をゲストに楽しんでもらえるよう、料理教室、農園ツアーやオリーブオイルフェスティバルなどを開催する。

MANDRANOVA
マンドラノーヴァ

ノチェラーラ・デル・ベリチェ 爽やかな香りとミディアムのボディで、味わいのバランスがとれたオイル。青いトマト、トマトの葉、青い草の香りを持つ。口中ではトマトの葉や草など青々しさを感じる。苦味は中程度、辛味をしっかりと強く感じる。トマトの香りの後にアーティチョークの蕾の香りと渋さが残る。少しニンニクをこすりつけたシンプルなブルスケッタでこのオイルの青々しさと華やかに広がる香り、新鮮な味わいを楽しみたい。トマトを使った料理、アーティチョークのサラダ、キノコのソテー、カポナータなどに。少し苦味のある野菜とも合う。魚介類を使った料理では甲殻類のシチュー、イワシのマリネ、クスクス、カジキマグロのソテー、貝類の前菜などに合わせて。ほかに、赤身肉のソテー、魚のグリルにも。

サンヨーエンタープライズ（250ml／500ml）

VILLA PONTE

シチリア州ラグーザ県
キアラモンテ・グルフィ

ヴィッラ・ポンテ

早熟の実から搾られる
青いトマトの香り

- **Azienda Agricola Villa Ponte**
  Contrada Ponte 5, Chiaramonte Gulfi, Ragusa, Sicilia
  http://www.villaponte.com/
- 500m
- 樹間を広くとった伝統的栽培法
- 手摘み
- 自社搾油所
  連続サイクル方式（遠心分離法）

1950年代に家族でシチリア島南東部のモンティ・イブレイ高原に農園をスタート。土着品種のトンダ・イブレアを中心にオーガニック栽培している。実は早熟の段階で収穫される。

DOP
Siculum
D.O.P. MONTI IBLEI BIO
シクルーム
D.O.P. モンティ・イブレイ BIO

トンダ・イブレア 青いトマトの香りと青いバナナの香りを持つ。非常にデリケートな状態のオイル。苦味と辛味は穏やかで、最初に少しインパクトを感じる。葉もの野菜のサラダ、トマトのブルスケッタ、トマトソースのパスタやリゾット、魚介類のスープやパスタ、リゾットに。カポナータ、フレッシュチーズなどとも。優しい味わいの肉料理や柑橘類のデザートも。

蒜山ロカンダ　ピーターパン
（250ml／500ml／1000ml）

TERRE DI PANTALEO

シチリア州ラグーザ県
キアラモンテ・グルフィ

テッレ ディ パンタレオ

収穫後3時間以内に搾油した
さわやかな香り

- **Azienda Agricola Terre di Pantaleo**
  C.da Pantaleo, Chiaramonte Gulfi, Ragusa, Sicilia
  http://www.terredipantaleo.com/
- 300-350m
- 樹間を広くとった伝統的栽培法
- 手摘み
- 共同搾油所など
  連続サイクル方式（遠心分離法）

古代ローマ時代からオリーブ栽培の歴史を持つパンタレオ平野で土着品種を栽培。害虫を寄せつけない恵まれた気候条件の中で、樹齢数百年の古木からオイルを作る。

DOP
TERRE DI PANTALEO
D.O.P. MONTI IBLEI
テッレ ディ パンタレオ
D.O.P. モンティ・イブレイ

トンダ・イブレア 青いトマト、ローズマリーやフェンネルなど、独特のハーブ類の香りを持つ。苦味は穏やかで、辛味はより強くしっかりとしている。後味に青いトマト、青いアーモンド、ハーブの香りが持続する。生野菜や温野菜のサラダ、ハーブの香りを生かした料理、魚の香草焼き、イワシのマリネ、ボッタルガのパスタ、鶏肉や豚肉の料理などと合う。

蒜山ロカンダ　ピーターパン
（250ml／500ml／1000ml）

イタリア / Italy

55

イタリア / Italy

シチリア州シラクーザ県 ブッケーリ
Agrestis
アグレスティス

"畑のスペシャリスト"が品質を追求

Agrestis
Via Pappalardo 11, Buccheri, Siracusa, Sicilia
http://www.agrestis.eu/

- 600-700m
- 樹間を広くとった伝統的栽培法
- 手摘み
- 自社搾油所 連続サイクル方式（遠心分離法）

標高の高い自然豊かな山の畑で古木を栽培する生産者。女性の社長が2003年に新たな農園をスタートさせた。社名はラテン語で「畑のスペシャリスト」を意味する。

DOP
Agrestis
Fiore d'oro
D.O.P. MONTI IBLEI
アグレスティス フィオーレドーロ
D.O.P.モンティ・イブレイ

🫒トンダ・イブレア 🍏青いトマトと青いリンゴの香りを強く感じる。口中ではより一層青いトマトの香りが立ち上がる。苦味は穏やかで少なく、辛味は一瞬ぴりっと感じるものの、優しく引いていく。🍽️トマトのブルスケッタに。野菜料理はサラダ全般や豆のスープに合わせて。魚介類の料理は、アクアパッツァ、アサリの酒蒸し、ハーブを効かせたカルパッチョなどに。

アマテラス・イタリア（500ml）

シチリア州トラーパニ県 フォンタナサルサ
FONTANA SALSA
フォンタナ・サルサ

アグリツーリズモを運営し、オリーブオイルを優しく伝える

Azienda FONTANA SALSA
Via Cusenza 78, Fontanasalsa, Trapani, Sicilia
http://www.fontanasalsa.it

- 30m
- 樹間を広くとった伝統的栽培法
- 手摘み
- 自社搾油所 連続サイクル方式（遠心分離法）

700年以上の歴史を持つ農園を女性当主が守る。農園ではホスピタリティにあふれるアグリツーリズモで、オリーブオイルの郷土料理教室などを開いている。

"MB"
Fontanasalsa
cerasuola
MB フォンタナサルサ チェラスオーラ

🫒チェラスオーラ 🍏青いトマト、青いリンゴ、やわらかな青草の香りを持つ。後から青いアーモンドやレタスなどの野菜の香りも感じる。口中では微かにハーブ類の香りも感じる。苦味はそれほど強くなく、辛味はしっかりと持続する。🍽️豆のスープ、魚介類のパスタやリゾット、トマトのブルスケッタ、野生のフェンネルと松の実を使ったシチリアのイワシのパスタなどに。

アーク（250ml／500ml）

Angela Consiglio
アンジェラ・コンシィーリオ

シチリア州トラーパニ県
カステルヴェトラーノ

品質向上を目指し
大学との共同研究に参加

- Azienda Agricola Angela Consiglio
  Via Ugo Bassi 12, Castelvetrano, Trapani, Sicilia
- 110-130m
- 樹間を広くとった伝統的栽培法
- 手摘み
- 自社搾油所
  連続サイクル方式（遠心分離法）

トラーパニの広大な敷地で土着品種を栽培し、オイルと食用オリーブを生産している一家。品質向上のため、地元大学の研究に参加したり、テイスティング方法や食材との組み合わせ方なども積極的に提案する。

TENUTA ROCCHETTA
テヌータ ロケッタ

🫒 ノチェラーラ・デル・ベリチェ 💧 青いトマトと青いアーモンドの香り、微かなナッツ香を持つ。口中では最後にアーティチョークの蕾の香りも感じる。苦味は中程度に、辛味はしっかりとある。🍴 イワシ、野生のフェンネル、松の実、レーズン、パン粉を使ったパスタなど、シチリアの郷土料理とよく合う。またカステルヴェトラーノの独特の黒パンとの相性は抜群。

サンヨーエンタープライズ（500ml）

SALLEMI
サレミ

シチリア州ラグーザ県コーミゾ

古木から丁寧に搾られる
「王様」という名を冠するオイル

- Sallemi Raffaele s.a.s.
  Via Piave n.1, Comiso, Ragusa, Sicilia
  http://www.frantoio-sallemi.it/
- 500m
- 樹間を広くとった伝統的栽培法
- 手摘み
- 自社搾油所
  連続サイクル方式（遠心分離法）

オリーブ栽培の伝統ある地区で1873年に創業し、以来丁寧な栽培と製造方針を守ってきた。1999年に自社の搾油所を開設し、品質の向上に努めている。

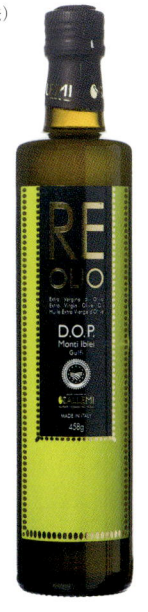

DOP
RE
D.O.P. MONTI IBLEI
レ D.O.P.モンティ・イブレイ

🫒 トンダ・イブレア 💧 青いトマト、青いリンゴの香りを持つ。後にハーブの香りや微かに草の香りも立ち上がる。苦味は強くなく穏やかで、辛味は中程度で心地よく持続する。🍴 トマトを使った料理、生野菜やグリル野菜など、野菜は比較的幅広く合わせることができる。ほかに魚介類を使った料理と相性がよく、魚やエビ、タコやイカなどを香ばしくグリルした料理と合う。

サンヨーエンタープライズ（500ml）

イタリア / Italy

シチリア州ラグーザ県
キアラモンテ・グルフィ
ROLLO
ロッロ

トマトや魚介類と
相性抜群の香り

Azienda Rollo
Via degli Oleandri 81/83 , Ragusa, Sicilia
http://www.aziendarollo.it/

350m

樹間を広くとった伝統的栽培法

手摘み

共同搾油所など
連続サイクル方式（遠心分離法）

1968年にロッロ家が300本のオリーブ畑から創業した農園。その20年後、息子がオーナーを引き継ぎ一気に規模を拡大した。2001年にはD.O.P.認証取得のオイルを発売。

DOP
LETIZIA
D.O.P. MONTI IBLEI
レティツィア
D.O.P. モンティ・イブレイ

🫒トンダ・イブレア💧ライトなオイル。青いトマトとその茎の香りを持つ。苦味は中程度で比較的しっかりと感じる。口中に含んだときにハーブの青さも感じる。🍴野菜は少し苦味のあるもの、生やボイルしたサラダに。マグロのカルパッチョ、イワシのマリネ、エビやカニ、魚のグリル、キノコのリゾット、トマトソースを使った料理などによく合う。

オリオテーカ（250ml／500ml）

シチリア州シラクーザ県
フェルラ
Frantoio Galioto
フラントイオ・ガリオト

"ゴールド"の名称がつけられた
歴史ある農園のオイル

Azienda Agricola Fisicaro Sebastiana
Ronco D'Aquile, 2 Ferla, Siracusa, Sicilia
http://www.frantoiogalioto.it

550m

樹間を広くとった伝統的栽培法

手摘み

自社搾油所
連続サイクル方式（遠心分離法）

歴史ある農園を経営してきたガリオト家の4代目が事業を継承し、時代の求めるオイル作りに取り組んでいる。より高い品質を実現するために広大な畑の栽培から搾油までこだわる。単一品種の商品をはじめ、ラインナップも豊富だ。

Castel di Lego Oro
カステル ディ レゴ オーロ

🫒トンダ・イブレア💧青いトマトと青い草の香りを持つ。青いリンゴの香りも心地よく感じられる。口中での香りも同様で、最後に青いバナナの香りが残る。苦味、辛味を適度に持ち、バランスが取れている。🍴貝類、焼き魚、ボイルした魚など魚介類との相性がよい。生の野菜、特にトマトとの相性は抜群。爽やかな香りなので、リコッタチーズを使った料理にも。

オリオテーカ（500ml）

イタリア / Italy

シチリア州パレルモ県 モンレアーレ
DISISA
ディジーザ

風土のポテンシャルを引出した
チェラスオーラ単一品種オイル

Azienda Agricola DISISA
Contrada Disisa, Grisi, Monreale, Palermo, Sicilia
http://www.vinidisisa.it/

- 400-500m
- 樹間を広くとった伝統的栽培法
- 手摘み＋機械式
- 自社搾油所　連続サイクル方式（遠心分離法）

農園名はアラビア語で「輝かしい」を意味する言葉に由来する。1930年代にオリーブの栽培を始め、土地のポテンシャルを生かした土着品種のオイルを生産している。

DISISA
ディジーザ

🫒 チェラスオーラ 💧 トマトやその葉の部分、アーティチョーク、ミントなどハーブ類、ユーカリの葉の香りを持つ。口中ではよりトマトの香りが強まる。苦味は穏やか、辛味は強いが後味の切れがよい。バランスのとれたオイル。🍴 生野菜の料理やハーブを使ったサラダに。魚介類のグリルや、ディルとケイパーを添えたサーモンのマリネなどとも相性がよい。

OLiVO（100ml／計量販売）

シチリア州シラクーザ県 ブッケーリ
Terraliva
テッラリーヴァ

畑の恵みへの感謝を込め
"オリーブの地"と命名されたオイル

Azienda Agricola Terraliva
C.da Zocca, Buccheri, Siracusa, Sicilia
http://www.terraliva.com/

- 700m
- 樹間を広くとった伝統的栽培法
- 手摘み＋機械式
- 自社搾油所　連続サイクル方式（遠心分離法）

1999年に古木の畑を取得して創業。最新設備の搾油機でオイルを抽出。作業員が枝を登り移る姿を天使にたとえ、天からの恵みへの感謝を込めたオイル名をつけた。

DOP
Terraliva
CHERUBINO
D.O.P. MONTI IBLEI BIO
テッラリーヴァ ケルビーノ
D.O.P.モンティ・イブレイ BIO

🫒 トンダ・イブレア 💧 青いトマト、青いリンゴの香りを特徴的に持つ。苦味と辛味を中程度に持ち、バランスがとれて調和している。苦味よりも辛味のほうが強く持続する。🍴 魚介類の料理はじめ、様々な素材に万能に使える。生野菜に、またハーブを使った料理、鶏肉やトマトを使った料理など。燻製ニシンとオレンジのサラダ、野菜や魚介類を使ったクスクスなどとも。

サンヨーエンタープライズ（500ml）

イタリア / Italy

BLUNDA
ブルンダ

シチリア州トラーパニ県
パルタンナ

女性オーナーが育てる
オリーブのやさしい香り

Azienda Agricola Valentina Blunda
Via Garibaldi 83, Partanna, Trapani, Sicilia
http://www.blundaolio.it

- 200-250m
- 樹間を広くとった伝統的栽培法
- 手摘み
- 共同搾油所など 連続サイクル方式（遠心分離法）

先祖代々の土地で土着品種のオリーブ栽培を行なう。弁護士でもある一家の一人娘が農園経営を受け継いで、良質のオリーブオイル作りを目指している。

BLUNDA
ブルンダ

🌿 ノチェラーラ・デル・ベリチェ 🌿 デリケートな香りのオイル。青いトマト、アーティチョークの蕾、青い草、葉っぱの香りを持つ。ナッツ香を少し。🍴 シチリアの郷土料理、イワシのベッカフィーコ（開いたイワシに松の実やレーズン、ケイパー、パン粉などを詰めてグリルした料理）や、草の香りを生かして香草を使った魚料理に。肉料理は鶏肉や豚肉に合わせて。

オリオテーカ（250ml／500ml）

RAVIDA
ラヴィダ

シチリア州アグリジェント県
メンフィ

シチリア南西部を代表する
3品種の味わい

Azienda Agricola RAVIDA S.r.l.
SP 48 Km 3, Menfi, Agrigento, Sicilia
http://www.ravidaoil.com

- 70-80m
- 樹間を広くとった伝統的栽培法
- 手摘み＋機械式
- 自社搾油所 連続サイクル方式（遠心分離法）

地元の名家ラヴィダ家がオリーブ栽培を始めたのは17世紀。2005年に農園内に新しい搾油所を建設し、最新技術によるオイルを生産している。女性オーナーが料理との組み合わせなども提案している。

RAVIDA Organic
ラヴィダ オーガニック

🌿 ノチェラーラ・デル・ベリチェ、ビアンコリッラ、チェラスオーラ 🌿 青い草、青いトマトの香りを特徴としているオイル。野菜、ハーブ類の香りも持つ。香りはやさしく、苦味と辛味のバランスが取れているので穏やかに感じる。🍴 魚のグリルやボイルしたものにかけて。また鶏肉料理にも合う。レモンなどを使ったソースをつくるときに。生野菜のサラダに。

オリオテーカ（250ml／500ml）

シチリア州アグリジェント県
カッパリーナ
PLANETA
プラネタ

環境に配慮する農園
バランス良く優しい味わい

🏠 **Aziende Agricole PLANETA s.s.**
Contrada Dispensa, Menfi, Agrigento, Sicilia
http://www.planeta.it/

⛰ 100m

🌳 樹間を広くとった伝統的栽培法

🫒 手摘み

🏭 自社搾油所
連続サイクル方式（遠心分離法）

シチリア島全土で300年ブドウ栽培に携わってきた家系。オリーブ栽培にも情熱を傾けてきた。農園には試飲室も併設し、ワインとオイルのテイスティングもできる。

DOP
PLANETA
D.O.P. VAL DI MAZARA
プラネタ
D.O.P. ヴァル ディ マツァーラ

🫒ノチェラーラ・デル・ベリチェ、ビアンコリッラ、チェラスオーラ💧健康な実を感じる香り高いオイル。青いトマトと青いリンゴの香りを持つ。口中で抜ける香りは非常に軽やかで、口当たりもさらりとしている。苦味は少なく辛味も穏やかで調和している。🍴南の海辺の郷土料理が思い浮かぶ。トマトのサラダ、柑橘類や野菜を合わせた魚介類の料理などとの相性がよい。

日欧商事（100ml／250ml／500ml／3000ml）

シチリア州トラーパニ県
カンポベッロ・ディ・マツァーラ
LOMBARDO
ロンバルド

歴史あるオリーブ栽培の地
ベリーチェ谷でつくられるオイル

🏠 **Lombardo**
Via Regina Elena 24, Campobello di Mazara, Trapani, Sicilia
http://www.aziendaagricolalombardo.it/

⛰ 50m

🌳 樹間を広くとった伝統的栽培法

🫒 手摘み

🏭 自社搾油所
連続サイクル方式（遠心分離法）

1928年創業のロンバルド農園は、シチリア島北西部のベリーチェ谷で、親子3代に渡ってオリーブ栽培をしてきた。現当主の技術革新によりクオリティの高いオイルを製造している。

LOMBARDO
FIORE DEL BELICE
ロンバルド
フィオーレ・デル・ベリーチェ

🫒ノチェラーラ・デル・ベリチェ💧青いトマト、オリーブの葉の香りをベースに持つ。苦味はなく、辛味は最初のアタックは強いが、すーっと消えていく。口当たりもさらりとしている。辛味の後に青いトマトの香りが心地よく持続する。🍴魚介類や、葉もの野菜のサラダ、豆や野菜のスープ、赤身肉のロースト、フレッシュチーズ、魚介類のパスタやリゾットなどと合う。

アルカン（500ml）

イタリア / Italy

イタリア / Italy

トレンティーノ＝アルト・アディジェ州トレント県リヴァ・デル・ガルダ

FRANTOIO DI RIVA
フラントイオ ディ リーヴァ

ガルダ湖沿岸の土着品種を生かした
すっきりした味わいと香りの高さ

DOP
ULIVA
D.O.P. GARDA TRENTINO
ウリーヴァ D.O.P. ガルダ トレンティーノ

カザリーヴァ、フラントイオ、青い健康な実のポテンシャルを感じるオイル。アーティチョークの蕾と青い草の香りを持つ。レタスや青いアーモンドの香りを後味で感じる。苦味はそれほど強くなく、辛味はしっかりとして持続性がある。苦味と辛味が心地良い状態で調和している。野菜全般と合う。クレソンやルッコラなど、青さを感じる素材とはパーフェクトな相性。

ズッキーニやナスを焦げ目が軽くつく程度に焼き、ニンニクと塩とオイルでマリネ液をつくり、野菜の青さと旨味を閉じ込めたソットオーリオ（p.120）を作っても良い。アーティチョークとパルミジャーノ・レジャーノのサラダ、ハーブのソーセージ、赤身の肉、ポルチーニとチーズのリゾット、キノコ類のソテー、豆のスープなどとよく合う。

サンヨーエンタープライズ（ULIVA 500ml　46°PARALLELO BIOLOGICO 500ml）

FRANTOIO DI RIVA

Agraia Riva del Garda Societa cooperativa
Via San. Nazzaro, 4 Riva del Garda, Trento,
Trentino Alto Adige
http://www.frantoiodiriva.it/

- 100-400m
- 樹間を広くとった伝統的栽培法
- 手摘み
- 自社搾油所
  連続サイクル方式(遠心分離法)

ガルダ湖周辺は水温の影響で温暖なため、北部にもかかわらずオリーブ栽培が盛んな地域。フラントイオ ディ リーヴァは1926年設立のリヴァ・デル・ガルダ協同組合のオリーブオイル製造部門。加盟農家がオリーブを栽培し、組合で仕入れて搾油や品質管理を行い、ブランド別に出荷している。ワインやビールなどの生産も。

イタリア / Italy

46°PARALLELO BIOLOGICO
46°パラレッロ BIOLOGICO

46°PARALLELO monovarietale Casaliva
46°パラレッロ モノバリエターレ カザリーヴァ

カザリーヴァ、フラントイオ、レッチーノ。爽快な香りと切れの良さがすばらしい。アーティチョーク、刈ったばかりの草、ハーブ、青いアーモンドなど、注いだとたんに良い香りが立つ。口中でも青いアーモンド、アーティチョークを感じる。苦味は強くなく、辛味はしっかりと持つ。青々しい香りを生かした料理、ナッツを使ったサラダややさしい味わいの肉料理に。

カザリーヴァ。青々しい香りと爽快感を感じるすばらしいオイル。青いアーモンド、アーティチョーク、刈ったばかりの草の香りを持つ。レタスや、青いアーモンドを噛んだときの香りも。優しく適度な苦味と辛味を持ち、持続する。野菜をたっぷり使った料理に。アサリの酒蒸しなど、貝類とも相性抜群。日本料理と合わせても、新しい発見がある。

シイ・アイ・オージャパン(46°PARALLELOシリーズ 100ml／250ml／500ml)

トスカーナ州グロッセート県モンテネーロ・ドルチャ
FRANTOIO FRANCI
フラントイオ フランチ

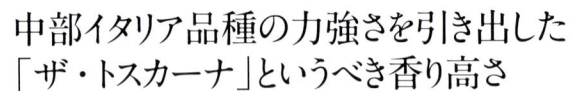

中部イタリア品種の力強さを引き出した「ザ・トスカーナ」というべき香り高さ

FRANTOIO FRANCI
Via A. Grandi 5, Montenero d'Orcia, Grosseto, Toscana
http://www.frantoiofranci.it/

- 350-450m
- 樹間を広くとった伝統的栽培法
- 手摘み
- 自社搾油所
  連続サイクル方式（遠心分離法）

トスカーナらしい美しい丘陵地帯の頂上にある搾油所を、代々守ってきたフランチ一家。自家農園だけでなく、周囲の農家のオリーブ栽培の意欲を高める働きかけをするなど、オリーブ栽培から品質の向上に努めている。中部イタリアの品種を中心に、特定の畑の製品や、スタンダードなブランドまで幅広く生産する。

VILLA MAGRA GRAND CRU
ヴィッラ マグラ グラン クリュ

VILLA MAGRA
ヴィッラ マグラ

💧フラントイオ💧華やかに香り高く、みずみずしい青草、アーティチョーク、カルド、青いアーモンドの香りが、強く長く感じられる。ともにしっかりとした苦味と辛味がバランスよく調和し、ひたすら心地よい。香り、味わいともに持続性があり、単一品種ながら複雑味も持つ見事な出来のインテンスタイプ。🍴このオイルの個性を味わうためにシンプルな料理に合わせて。

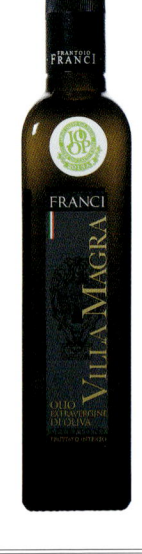

💧フラントイオ、モライオーロ、レッチーノ💧アーティチョーク、刈った草、チコリの香りを持つ。口中からは青いアーモンドやローズマリー、黒胡椒の香りも感じられる。苦味、辛味はともに強く、調和がとれている。🍴ヒヨコ豆と野菜のスープ、フェットゥンタ（トスカーナのブルスケッタ）、赤身肉のタリアータやフィレンツェ風Tボーンステーキなどと合わせて。

サンヨーエンタープライズ（250ml／500ml　グランクリュは500mlのみ）

トスカーナ州ルッカ県マトライア

COLLE VERDE
コッレ・ヴェルデ

豊かな田園風景の中で
ブドウとともにオリーブを無農薬で栽培

FATTORIA COLLE VERDE S.r.l.
Matraia, Lucca, Toscana
http://www.colleverdevineyards.com

- 250m
- 樹間を広くとった伝統的栽培法
- 手摘み
- 自社搾油所
- 連続サイクル方式（遠心分離法）

中世からブドウとオリーブ栽培の歴史ある土地で農園を守ってきた生産者。傾斜地を耕すのにポニーを使うなど、無農薬栽培に取り組んでいる。アグリツーリズモの宿を経営しながら、ワインとオリーブオイルを使った料理教室を農園で開催している。

MATRAJA BIO
マトライア BIO

フラントイオ、レッチーノ、モライオーロ
トスカーナの品種には珍しい、爽快感と採れたてのサヤエンドウのような香りが特徴的な青々しいオイル。ユーカリの葉、ハーブ類の香りとともに、青いアーモンドやアーティチョークの蕾の香りを後味に持つ。口中で青いアーモンドの香りと甘味を感じるので豆料理にはぴったり。苦味と辛味のアタックはソフトだが、辛味が後からじわじわ持続する。レンズ豆、ヒヨコ豆の料理はもちろん、空豆やエンドウ豆など生の豆を使った料理との相性が良い。豆の煮込み料理やスープなどに。肉料理なら、鶏肉や豚肉などやさしい味わいの肉料理に。牛肉ならタリアータなどに合う。トスカーナ州で夏に良くいただく、固くなったパンとフレッシュな野菜を使ったサラダ、パンツァネッラにも。

オリオテーカ（250ml／500ml）

65

イタリア

PRUNETI
プルネーティ

トスカーナ州フィレンツェ県
サン・ポロ・イン・キャンティ

生産者がインポーターと
コラボレーションしたオイル

Azienda Agricola PRUNETI
Via Linari, San Polo in Chianti, Firenze, Toscana
http://www.pruneti.it/

320-380m

樹間を広くとった伝統的栽培法

手摘み+機械式

自社搾油所
連続サイクル方式(遠心分離法)

トスカーナで最も広大な畑を持ち、多くのブランドを展開するプルネーティ兄弟。数多くのプライベートブランドを手がけている。掲載製品はインポーターとのコラボレーションオイル。

PRUNETI
プルネーティ

🌿フラントイオ、レッチーノ、モライオーロ、ペンドリーノ 💧健康な実の状態を感じる。青い草、刈ったばかりの草、青いアーモンド、オリーブの葉、アーティチョークの蕾の香りを強く持つ。苦味と辛味を強く感じ、余韻が長い。🍴豆のスープやリボリータなど、郷土料理との相性が良い。ビステッカやトリッパなどにアクセントで少量加えて、肉の脂分をさっぱりと。

OLiVO(100ml／計量販売)

Rocca di Montegrossi
ロッカ・ディ・モンテグロッシ

トスカーナ州シエナ県
ガイオーレ・イン・キャンティ

キャンティクラシコ醸造の
名家がつくるオイル

Rocca di Montegrossi
Localita Monti in Chianti, San Marcellino, Gaiole in Chianti, Siena, Toscana
http://www.roccadimontegrossi.it/

340-510m

樹間を広くとった伝統的栽培法

手摘み

共同搾油所など
連続サイクル方式(遠心分離法)

キャンティクラシコの産地として知られるモンティ・イン・キャンティでブドウとオリーブを栽培する一家。2010年から土着品種・コレッジョーロの有機栽培に取り組んでいる。

DOP
ROCCA DI MONTEGROSSI
D.O.P. Chianti Classico BIO
ロッカ・ディ・モンテグロッシ
D.O.P. キャンティクラシコ BIO

🌿コレッジョーロ 💧刈ったばかりの青い草、アーティチョークの茎、青いアーモンド、オリーブの葉の香りをしっかりと持つ。苦味を中程度に持ち、辛味は落ち着いている。🍴個性の強い素材と合わせると力を発揮する。ラルドや豆料理との相性は抜群。生のカルチョッフィをスライスしたピンツィモーニオなど。牛肉との相性がとても良い。

オリオテーカ(500ml)

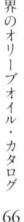

トスカーナ州シエナ県 トレクアンダ
Carraia di Bardi Franco
カッライア・ディ・バルディ・フランコ

ブレンドが生み出す
土着品種の力強い味わい

Azienda Agricola Carraia di Bardi Franco
Pod. Carraia n. 47, Petroio, Trequanda, Siena, Toscana

- 480m
- 樹間を広くとった伝統的栽培法
- 手摘み
- 共同搾油所など／連続サイクル方式（遠心分離法）

トスカーナ州南部のシエナの丘陵地帯で土着品種を栽培。樹齢400年近い古木も大切に栽培している。ほかにD.O.P.オイルも生産し、毎年安定した品質を保っている。

BARDI
I.G.P Toscano
バルディ I.G.P. トスカーノ

🫒 モライオーロ、フラントイオ、レッチーノ、オリヴァストラ・セッジャネーゼ、ペンドリーノ　青いアーモンドの香りが強く、刈ったばかりの草やオリーブの葉の香りも持つ。特徴は抹茶を思わせるような独特の青々しさ。口中ではアーティチョークの蕾が立つ。苦味はほどほど、辛味はしっかりと強く持続性がある。🍴鹿肉やイノシシ肉などジビエ料理に。

オリオテーカ（250ml／500ml）

トスカーナ州プラート県 カルミニャーノ
Tenuta di Capezzana
テヌータ・ディ・カペッツァーナ

中世から続く名家による
伝統技術を生かしたオイル

Tenuta di Capezzana
Via Capezzana, 100, Carmignano, Prato, Toscana
http://www.capezzana.it

- 100-200m
- 樹間を広くとった伝統的栽培法
- 手摘み
- 自社搾油所／連続サイクル方式（遠心分離法）

カルミニャーノの丘陵地で、中世からブドウとオリーブを栽培してきた名家。オイルの製造では搾ったオイルを甕でデキャンティングするなど昔からの伝統と新しい技術を織り交ぜている。

CAPEZZANA
カペッツァーナ

🫒 モライオーロ、フラントイオ、レッチーノ、ペンドリーノ　草の香り、アーティチョーク、オリーブの葉、青いアーモンドの高い香りを持つ。苦味はほどほどに、辛味はしっかりと持っている。🍴アーティチョークとパルミジャーノチーズのサラダ、キノコのリゾット、豆のスープ、ボッリート・ミスト（p.117）、ローストビーフ、イノシシ肉のラグーのパスタなどと。

日欧商事（500ml）

イタリア　Italy

イタリア

BUONAMICI
ボナミチ

トスカーナ州フィレンツェ県
フィエーゾレ

搾油技術の研究に
積極的に参画する生産者

Azienda Agricola Buonamici
Via di Montebeni 11, Fiesole, Firenze, Toscana
http://www.buonamici.it/

- 350m
- 樹間を広くとった伝統的栽培法
- 手摘み+機械式
- 自社搾油所 連続サイクル方式（遠心分離法）

フィレンツェ郊外のフィエーゾレの丘陵地帯で、オリーブはじめ野菜を有機栽培し、オイルのほかスープや良質な加工品をつくるボナミチ家。化粧品なども手がけている。

IGP
BUONAMICI
I.G.P. COLLINE DI FIRENZE BIOLOGICO
ボナミチ
I.G.P.コッリーネ ディ
フィレンツェ BIOLOGICO

🌿フラントイオ、モライオーロ 💧アーティチョークの蕾と茎、刈ったばかりの草、青いアーモンドの香りを持つ。口中ではオリーブの葉の香りが立つ。苦味もしっかり、辛味も持続性があって強さを感じる。🍴ピンツィモーニオ、苦味や辛味のある野菜と合わせたサラダ、パスタ・エ・チェーチ、豆料理、牛肉やキノコなどのグリル料理などとよく合う。

大和(250ml)

Disanti
ディサンティ

プーリア州フォッジャ県
ヴィエステ

アドリア海に面した
風光明媚な畑で土着品種を栽培

Azienda Agricola DISANTI
Località Giase, Vieste, Foggia, Puglia

- 50m
- 樹間を広くとった伝統的栽培法
- 手摘み+機械式
- 共同搾油所など 連続サイクル方式（遠心分離法）

アドリア海に面した美しいガルガノ国立公園の中に畑を持つ家族経営の生産者。水はけの良い斜面で土着品種を中心に栽培する。鑑定士の資格も持ち、品質管理にも細心の注意を払う。

Disanti
ディサンティ

🌿オリアローラ・デル・ガルガノ、レッチーノ 💧熟したトマトの香りが主体のオイル。口中では青いアーモンドの香りと、後から柑橘類の香りも微かに追いかけるように立ち上がる。苦味はほとんど持たず、辛味は心地よく感じ、やさしく消える。🍴トマトや魚介のパスタ、ナスを使った料理、柑橘類を使ったサラダ、青魚のマリネ、トマトソースのシンプルなピッツァなど。

イル・ピッコロ・オリベート
(250ml／500ml／750ml／5000ml)

プーリア州レッチェ県
ステルナティーア
CONTE
コンテ

南イタリアの古木を
兄弟で大切に育てる農園

- **Azienda Agricola Giorgio Conte**
  Via E. Perrone, Sternatia, Lecce, Puglia
  http://www.olioconte.com
- 75m
- 樹間を広くとった伝統的栽培法
- 手摘み+機械式
- 自社搾油所
  連続サイクル方式（遠心分離法）

サレント半島の中央に位置し、太陽と温暖な気候に恵まれた畑で土着品種ほか多品種を栽培。代々続く農園で、コンテ兄弟が栽培から搾油まで丁寧にコントロールしている。

CONTE
コンテ

🌿 ピチョリーネ 💧 初めにオリーブの葉、フレッシュな野菜、チコリ、ローリエ、カブの葉などの香りが穏やかに立ち、その後で力強い味わいがじわじわ広がる個性的なオイル。アーティチョークの香りが少し残る。苦味と辛味がはっきりと感じられ、辛味のほうがより強い。🍴 仔羊肉のグリルやチーマ・ディ・ラーパを使ったオレッキエッテ（p.118）のパスタと相性が良い。

東京新興物産（250ml）

プーリア州バーリ県
テルリッツィ
LE TRE COLONNE
レ・トレ・コロンネ

山椒のような清涼感と
抹茶のような深い香り

- **Azienda Agricola Le tre colonne**
  S.P. 107, Giovinazzo, Terlizzi , Bari, Puglia
  http://www.letrecolonne.com
- 40-60m
- 樹間を広くとった伝統的栽培法
- 機械式
- 自社搾油所
  連続サイクル方式（遠心分離法）

近年最新設備を導入してより高い品質を目指している家族経営の生産者。社名となっている"3本の柱"には、伝統、味、混じりけのない純良さという哲学が込められている。

LE TRE COLONNE
レ・トレ・コロンネ

🌿 コラティーナ 💧 山椒のような清涼感や黒胡椒の香りを最初に感じる非常に個性的なオイル。抹茶、ハーブ、ユーカリの香りも持つ。苦味はしっかりと、辛味はそれよりもやや強く、インテンスタイプに入る。🍴 山椒の実を鴨肉や牛肉などと合わせて調理する際に一緒に使うと相性がよい。また醤油と一緒にほうれん草などを和えると抹茶のような青々しい香りが合う。

OLiVO（100ml／計量で販売）

イタリア / Italy

イタリア

モリーゼ州カンポバッソ県コッレトルト

Giorgio Tamaro
ジョルジョ タマーロ

ハーブやアーモンドの木も自生する
自然豊かな畑から生まれる奥深い香り

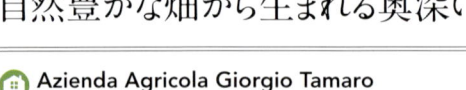

Azienda Agricola Giorgio Tamaro
Aia di Pardo Colletorto, Campobasso, Molise

350-550m

樹間を広くとった伝統的栽培法

手摘み+機械式

自社搾油所
連続サイクル方式(遠心分離法)

緑豊かな美しい丘陵地で土着品種を丁寧に育て、単一品種のオイルを作る生産者。特にルミニャーナは希少で他に製品化する人は稀。搾油所は徹底した衛生管理をし、高品質のオイルを製造する最新システムを導入している。

Colle d'Angiò Rumignana
コッレ・ダンジョ
ルミニャーナ

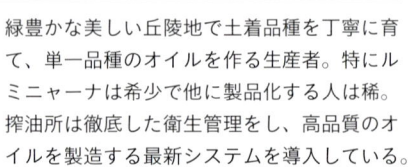

Colle d'Angiò Oliva nera di Colletorto
コッレ・ダンジョ
オリーヴァ・ネラ・ディ・
コッレトルト

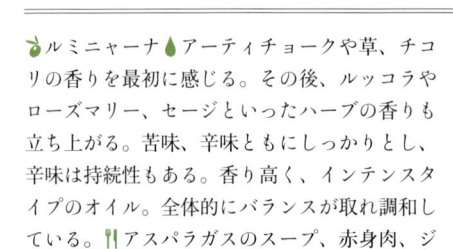

🫒ルミニャーナ💧アーティチョークや草、チコリの香りを最初に感じる。その後、ルッコラやローズマリー、セージといったハーブの香りも立ち上がる。苦味、辛味ともにしっかりとし、辛味は持続性もある。香り高く、インテンスタイプのオイル。全体的にバランスが取れ調和している。🍴アスパラガスのスープ、赤身肉、ジビエ、熟成タイプのチーズなどとよく合う。

プリマヴェーダ(250ml)

🫒オリーヴァ・ネラ・ディ・コッレトルト💧チコリ、レタスのような葉もの野菜、そして、とりわけ青いアーモンドの香りを感じる。口中では青いトマトや、微かにフェンネルなどのハーブの香りも残る。苦味、辛味は中程度で心地よく持続する。🍴豆料理、生や茹でた野菜、キノコを使った料理、ミネストローネや甲殻類を使ったスープなどと相性がよい。

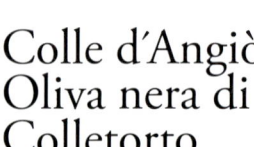

モリーゼ州イゼルニア県
フォルネッリ
7 TORRI
セッテ・トッリ

無農薬栽培のオリーブ農家が
山間の町で協同でつくる

Cooperativa Agricola SETTE TORRI
Contrada Canala 27, Fornelli, Isernia, Molise

- 250-500m
- 樹間を広くとった伝統的栽培法
- 手摘み
- 共同搾油所など
  連続サイクル方式（遠心分離法）

フォルネッリの町のシンボル、7つの塔（TORRI）の名前を持つオイル。地元の27のオリーブ農家が加盟する農業組合が自然農法で栽培する希少な土着品種を使用。

7 TORRI PAESANA BIANCA
セッテ・トッリ
パエザーナ・ビアンカ

🌿 パエザーナ・ビアンカ💧ミント、ローズマリー、バジルなどさまざまな種類のハーブ類、そして青じそのような香りも持つ。カカオや草の香りも感じる。苦味はやさしく辛味の方を中程度に感じる。口中ではさらりとして、すっきりとした後味。🍴サラダ全般、ジャガイモやカボチャのポタージュスープ、カポナータ、ナスやハーブを使った料理に、フレッシュチーズにも。

オリーブ・ランド（250ml）

モリーゼ州カンポバッソ県
カンポマリーノ
Di Vito
ディ・ヴィート

生産者団体を牽引する
若き作り手のオイル

Oleificio Di Vito
Contrada Cocciolete 10, Campomarino, Campobasso, Molise
http://www.oliodivito.it

- 100-200m
- 樹間を広くとった伝統的栽培法
- 手摘み+機械式
- 自社搾油所
  連続サイクル方式（遠心分離法）

モリーゼ州のアドリア海に面するカンポマリーノで土着品種を中心に栽培・搾油を家族で行う若い生産者。地元の仲間とともに州の農産物の品質を高めるのに情熱を注ぐ。

Di Vito
ディ・ヴィート

🌿 ジェンティーレ・ディ・ラリーノ、レッチーノ💧アーティチョークの香りや草の香り、オリーブの葉、最後に青いアーモンドの香りも感じる。苦味はしっかりしている一方、辛味は穏やか。🍴茹でた豆類や豆を裏ごししたピューレにさっとかけると相性抜群。ローズマリーとジャガイモのグリル、ルッコラや春菊などを使った料理にも合う。

東京新興物産（250ml）

イタリア / Italy

ラツィオ州ラティーナ県ソンニーノ

Cetrone
チェトローネ

土着品種・イトラーナのみを使用
収穫時期に応じた、オイルの香りと味わいを表現

Cetrone Intenso
チェトローネ
インテンソ

🌿イトラーナ 💧標高500mで栽培し、早摘みで収穫した実を使ったオイル。熟したトマト、刈ったばかりの草の香りをまず感じる。トマトの葉や茎の香りも強い。青いバナナや青いアーモンドの香りも持つ。苦味はほとんどなく、辛味は程よく後味が穏やか。🍴トマトやトマトソースを使った料理によく合う。トマトとモッツァレラチーズのカプレーゼ、ラタトゥイユ、トマトソースをベースにしたパスタなどと合わせて。また魚介類を使ったパスタ、リゾット、アクアパッツァや、魚のグリルにも向く。ミネストローネなどに添えても相性が良い。野菜は全般的によく合い、大麦のサラダや豆のスープなどに青々しさを生かして使うと良い。カルパッチョをはじめとした肉料理にも合う。

サンヨーエンタープライズ（500ml）

Azienda Agricola Alfredo Cetrone

Via Consolare Frasso, n.5800, Sonnino,
Latina, Lazio
http://www.cetrone.it

- 250-500m
- 樹間を広くとった伝統的栽培法
- 手摘み
- 自社搾油所
  連続サイクル方式（遠心分離法）

1860年からオリーブ栽培を手がけて来たチェトローネ一家によるオイル。土着品種のイトラーナ単一品種のオイルを生産しているが、栽培技術・ブレンド力など総合的な生産技術の高さで、収穫時期と搾油方法に応じた、味わいの違いを表現している。

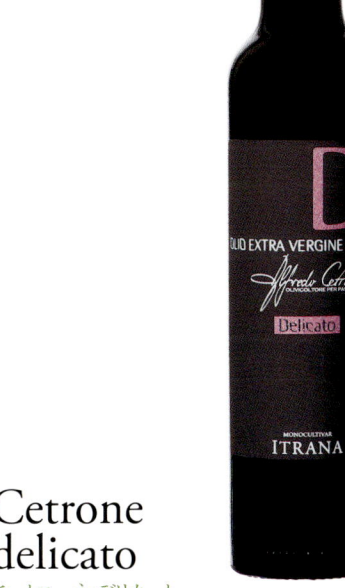

イタリア / Italy

Cetrone delicato
チェトローネ・デリカート

イトラーナ インテンソよりひと月遅れて収穫した実のオイル。熟したトマトや青いバナナの香りを良く引き出している。ライトながら、アロマを感じる非常にバランスの取れたオイル。角が取れたまろやかさとさわやかな甘味があり、口中がすっきりする。レタスなど生野菜のサラダ、白身魚のカルパッチョ、トマトや卵料理などデリケートな素材を生かす料理に。

Cetrone
Colline Pontine D.O.P.
チェトローネ・
コリーネ・ポンティーネ D.O.P.

イトラーナ 青いトマト、刈ったばかりの草、野菜、青いバナナの香りを持つ。青いアーモンドの香りもかすかに感じる。苦味は穏やかに、辛味はしっかり持つ。ミディアムより少しライトなオイルに近く、万能に使うことができる。生やボイルした野菜、トマトソースに。魚は加熱する料理に向く。カルボナーラやチーズなど、コクのある料理にさっとかけても。

イタリア

ラツィオ州フロジノーネ県アラトリ

Quattrociocchi
クアットロチョッキ

オーガニック栽培したオリーブ
熟練の職人が収穫、搾油

Frantoio Oleario
Quattrociocchi Americo
Via Mole S.Maria, Alatri, Frosinone, Lazio
http://www.olioquattrociocchi.it

150-500m
樹間を広くとった伝統的栽培法
手摘み
自社搾油所
連続サイクル方式(遠心分離法)

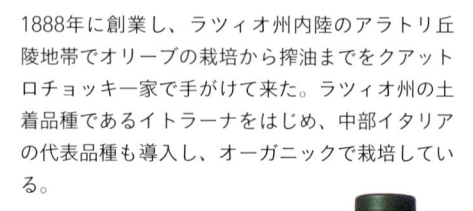

1888年に創業し、ラツィオ州内陸のアラトリ丘陵地帯でオリーブの栽培から搾油までをクアットロチョッキ一家で手がけて来た。ラツィオ州の土着品種であるイトラーナをはじめ、中部イタリアの代表品種も導入し、オーガニックで栽培している。

Moraiolo
モライオーロ

OLIVASTRO
オリヴァストロ

🌿モライオーロ💧アーティチョークの茎、オリーブの葉、ルッコラの香りを持つ。辛味は中程度で、ガツンとした苦味がしっかり効いている。香りの高さが素晴らしい。🍴ボディがしっかりしているので、牛肉、鹿やイノシシなどのジビエ、肉料理との相性が良い。ラディッキオなど苦味のきいた野菜のサラダにも向いている。豚の背脂の塩漬け・ラルドに少しかけても。

🌿イトラーナ💧青いアーモンド、刈ったばかりの草、熟したトマトの香りを持つ。口中ではトマトの香りが広がりながら持続する。苦味を穏やかに感じ、辛味はしっかりと持つ。ボディの強さと、爽やかさを兼ね備えているオイル。🍴トマトのブルスケッタや焼きパプリカのマリネ、ミネストローネや鶏肉料理、フレッシュチーズなどと相性が良い。

OLiVO(モライオーロ100ml／計量販売)　薬糧開発(オリヴァストロ100ml／250ml／500ml)

ラツィオ州ラティーナ県ソンニーノ
Maggiarra Impero
マッジャーラ・インペーロ

青いバナナとトマトの香りが秀逸
デリケートながら華やかなオイル

**Azienda Agricola Biologica
Maggiarra Impero**
Via C.V. Pellegrini 10, Sonnino Latina, Lazio
http://www.imperomaggiarra.it

- 430m
- 樹間を広くとった伝統的栽培法
- 手摘み
- 自社搾油所
  連続サイクル方式（遠心分離法）

マッジャーラ家が1947年に創業した家族経営の会社。「黄金の谷」と呼ばれる地域で栽培される通称「ガエータ」（イトラーナ種）は質が良く、コッリーネ ポンティーネBIOはこのオリーブのみを使用。インペーロの自社農園には、樹齢800-1000年を超える木々もあり、レモン、イチジク、サボテンなども自生する。

IMPERO
COLLINE PONTINE D.O.P. BIO
インペーロ コッリーネ ポンティーネ D.O.P. BIO

🌿イトラーナ 💧ライトな状態でありながら、華やかさを持つオイル。青いバナナ、柔らかな草、少し熟したトマトの特徴的な香りを持つ。口に含んだときに抜ける香りも同様。口中にきちんと辛味が広がり、後味も持続する。苦味はほとんどない。🍴優しい味わいの前菜全般に使える。トマトを使ったサラダ、カポナータ、ポテトサラダ、カリフラワーのサラダ、アスパラガスやカボチャのポタージュスープ、ミネストローネなど、苦味の強くない野菜料理と相性が良い。魚介類ともよく合う。白身魚のカルパッチョ、アサリの酒蒸し、淡白な魚をボイルしたものにかけても。日本の料理なら豆腐料理など、繊細な味わいのものと相性が良い。煮物や煮魚などに使えば、爽やかな香りと軽やかなコクをプラスできる。

プリマヴェーダ（250ml／500ml）

イタリア / Italy

イタリア / Italy

ラツィオ州ラティーナ県
プリヴェルノ

ORSINI
オルシーニ

バランスのとれた苦味と辛味
地元に息づく古木の味わい

🏠 **Azienda Agricola Paola Orsini**
Via Villa Meri10, Priverno, Latina, Lazio
http://www.olioorsini.it/

⛰ 150m

🌳 樹間を広くとった伝統的栽培法

✋ 手摘み+機械式

⚙ 自社搾油所
連続サイクル方式（遠心分離法）

100年以上続く家族経営の農園で、土着品種イトラーナの古木を無農薬で栽培。ティレニア海を見下ろす丘で柑橘類やアーモンドとともに伸び伸びとオリーブが育つ。

BIO ORSINI
ビオ オルシーニ

🍃イトラーナ 🫒香りは草、オリーブの葉、熟したトマトとトマトのへた、青いバナナを感じる。口中に含んだときに味わいの強さを感じる。初めのアタックは苦味も辛味も比較的強く感じられるが、どちらも穏やかな後味。🍴ハーブ類を使った料理との相性が良い。ベビーリーフやルッコラなどを使ったサラダや、ハーブソルトで下味をつけた鶏肉のソテーなどに。

OLiVO（100ml／計量販売）

ラツィオ州ラティーナ県
プリヴェルノ

COLLE ROTONDO
コッレ・ロトンド

穏やかな香りと風味が心地よい
イトラーナ100％のオイル

🏠 **Azienda Agricola Colle Rotondo**
Via Colle Rotondo, Priverno, Latina, Lazio

⛰ 150m

🌳 樹間を広くとった伝統的栽培法

✋ 手摘み+機械式

⚙ 共同搾油所など
連続サイクル方式（遠心分離法）

1700年に創業。レアーリ家が家族経営で栽培から搾油まで手がけている。1990年代に有機栽培認証を取得。土着品種のイトラーナ単一品種オイルを作っている。

COLLE ROTONDO
コッレ・ロトンド

🍃イトラーナ 🫒青いバナナ、熟したトマトの香りを持つ。香りはライトで、後からレタスの印象も感じられる。苦味と辛味ともに穏やか。🍴葉もの野菜のサラダなど、味わいのやさしい素材を用いた料理に向く。香りに角がとれたまろやかさがあるので、焼菓子を焼くときや、パヴァロア、フルーツサラダ、ヨーグルトなどのソースとしても。

オリオテーカ（250ml／500ml）

ラツィオ州フロジノーネ県 ヴァッレディコミーノ
OLIO PRIMO
オリオ・プリモ

山岳地帯の希少品種
マリーナのデリケートな香り

OLIO PRIMO
Via Garibaldi 42, San Donato, Valle di Comino, Frosinone, Lazio

700m

樹間を広くとった伝統的栽培法

手摘み

自社搾油所
連続サイクル方式（遠心分離法）

アブルッツォ州とモリーゼ州に接した地域、標高の高いヴァッレディコミーノで土着品種のマリーナを栽培。4社で構成する協同組合で搾油している。

Olio Primo
Marina
オリオ・プリモ マリーナ

🌿マリーナ 🫒青いトマト、ナスを中心とした野菜、青いバナナの香りを感じる。口中から鼻に抜ける香りも同様。青みはきちんと感じるが香りはライトな状態。苦味はほとんどなく、辛味はほどよくボディがあり、すっと消えていく。🍴野菜の料理とは全般的に相性が良い。トマトのサラダやカポナータ、魚介の料理、鶏肉料理ともよく合う。

OLiVO（100ml／計量販売）

ラツィオ州ヴィテルボ県 カニーノ
Cerrosughero
チェロスゲーロ

希少品種、カニネーゼの
青々しい香り

Azienda Agricola Cerrosughero di Laura De Parri
Loc. Cerrosughero - S.R.312Km. Canino, Viterbo, Lazio
http://www.oliocerrosughero.it

300m

樹間を広くとった伝統的栽培法

機械式

自社搾油所
連続サイクル方式（遠心分離法）

トスカーナ州に隣接した歴史ある町、カニーノのデ・パッリ家の搾油所。1990年代に娘のラウラが経営を引き継ぎ、土着品種・カニネーゼの特徴を生かしたオイルを生産している。

DOP
Cerrosughero
CANINO D.O.P.
チェロスゲーロ
カニーノ D.O.P.

🌿カニネーゼ、フラントイオ 🫒アーティチョークや草の香りを先に感じ、口中で感じる香りにはチコリやハーブ類を心地よく感じる。苦味、辛味の強さは中程度にバランスがとれている。そのさわやかな青々しさから、健康な状態で作られたことがよくわかる。🍴生野菜のサラダ、ハーブを使った料理、豆のスープ、ブルスケッタ、肉料理によく合う。

シイ・アイ・オージャパン（250ml／500ml）

イタリア / Italy

スペイン

栽培面積●約258万4564ヘクタール
生産量●約153万6600トン

スペインは世界最大のオリーブオイル生産国です。
紀元前2000年頃、フェニキア人によってイベリア半島のオリーブ栽培が始まり、ローマ時代にはすでにヨーロッパ諸国へのオリーブオイル供給地だった記録が残っています。
現在、総栽培面積のおよそ60％が南部のアンダルシア地方に分布しています。次いでカスティーリャ＝ラ・マンチャ州に約15％、エストレマドゥーラ州に約10％、カタルーニャ州に約5％と続きます。オリーブオイル国内総生産量のおよそ80％がアンダルシア地方で生産されています。
なだらかな起伏と平坦な土地を多く持つため、大規模集約的栽培法や、近年開発された超密集栽培法（p.18）などを取り入れやすいのが特徴です。歴史的にも、安価なオリーブオイルを世界市場に大量供給する役割が大きいのですが、近年、栽培・製造にこだわりを持ち、高品質なオリーブオイルを作り出す生産者が増えています。
スペインで栽培されているオリーブの品種は100を超え、主要品種は24あります。そのうち栽培面積が最大でオイルの生産量が多いのがピクアルです。その次に多いコルニカブラとオヒブランカとを合わせると、3品種で総栽培面積の約60％になります。他にアルベキーナ、レチン・デ・セヴィーリャ、ピクード、エンベルトレ、マンサニーリャなどがあり、これらを含めた主要24品種で総栽培面積の約90％となります。このことから、イタリアと比較すると世界最大のオリーブオイル生産が、限られた品種によって実現されていることがわかります。
国や州による戦略的な農業政策のもと、生産量増加と品質向上の双方を追求する動きがあり、市場拡大へのポテンシャルは未知数です。

Spain

アンダルシア州ハエン県
GALGON 99
ガルゴン 99

地元の大学と農法を共同研究
早摘みの青々しさを感じる爽やかなオイル

GALGON 99 S.L.
Ctra. Plomeros, Casa del Agua,
Villanueva de la Reina, Jaén
http://www.orobailen.com

- 400m
- 樹間を広くとった伝統的栽培法
- 手摘み+機械式
- 自社搾油所
  連続サイクル方式（遠心分離法）

異業種から転身、オリーブオイルの製造業を家族でスタートした生産者。1999年に異なる2つの地域の農園を取得して、最新設備を建設。新しい技術でクオリティの高いオリーブオイルづくりを目指している。また、オリーブ研究機関が集中するハエンで学び、生産から製造まで、最新の知識を生かしている。

OROBAILÉN
オロバイレン

スペイン / Spain

🫒ピクアル💧ミント、ローズマリー、タイムなど独特のハーブの香りをまず感じる。ユーカリの葉や刈ったばかりの青い草の香りも持つ。口中では青いトマトのへたの部分の香りが心地よく抜ける。苦味よりも辛味をしっかりと持ち、両者のバランスがとても良い。比較的強いオイルに入るが、味わいのバランスが取れているのと、ハーブ類の優しい香りや微かに青いリンゴの香りやまろやかな味わいも含み、複雑さもあわせ持つ。🍴ネギや玉ねぎを加熱する際に、一緒に調理をすることで甘味や旨味を増してくれる。またオニオングラタンスープの上からかけると、玉ねぎの甘味とコクを引き立ててくれる。その他、熟成したチーズ、キノコを使った料理、豆のスープ、ボイルしたイカやタコ、魚介類のスープなどともよく合う。

トレーダーズマーケット（250ml）

アンダルシア州ハエン県
Castillo de Canena
カスティージョ・デ・カネナ

単一品種のオイルをラインナップ
早摘みの若々しさを安定して表現

Castillo de Canena
FIRST EARLY ROYAL
カスティージョ・デ・カネナ
ファースト・アーリー ロイヤル

💧ロイヤル💧アーティチョークとハーブの香りが最初に立ち、青いバナナの皮のデリケートな香りが追いかける。ハーブ香は清涼感と同時に、表情を変えていく複雑さに富んでいる。苦味は穏やかで、辛味はしっかりと感じ、持続性がある。バランスの良さと香りの高さから、大切に栽培された希少品種の個性を生かすよう、高い技術で搾油されていることがわかる。🍴香り高さを生かし、シンプルな料理に合わせたい。魚介類の料理はグリルや旨味が凝縮したスープなどにアクセントとして。赤身の牛肉のグリル、鶏肉や豚肉はハーブや香草と合わせて調理したものと相性が良い。豆類や大麦を使った料理、野菜は生でもグリルしたものでも合う。ジャムと混ぜたり、フルーツのタルトに少量添えたりしてもよい。

オリーブプラン(ファースト・アーリーロイヤル500ml　ファースト・デイ・オブ・ハーヴェスト250ml)

Castillo de Canena
Remedios 4, Canena, Jaén
http://www.castillodecanena.com/

- 550m
- 樹間を広くとった伝統的栽培法
- 機械式
- 自社搾油所
- 連続サイクル方式（遠心分離法）

創業230年以上の老舗オリーブオイル生産者。最新技術を導入し、環境対策など生産体制の革新に努めている。スペイン土着の希少種・ロイヤルの古木の保存を行い、製品化に成功。全般的に早摘みでポリフェノール値の高いオイルを生産している。収穫初日のオリーブのみで搾油したシリーズは、搾油年でラベルデザインを毎年変え、気候や自然環境によって変化する単一品種の味わいや香りを楽しめる。

スペイン / Spain

Castillo de Canena
FIRST DAY OF HARVEST PICUAL
カスティージョ・デ・カネナ
ファースト・デイ・オブ・
ハーヴェスト ピクアル

Castillo de Canena
FIRST DAY OF HARVEST ARBEQUINA
カスティージョ・デ・カネナ
ファースト・デイ・オブ・
ハーヴェスト アルベキーナ

ピクアル フレッシュなハーブ、青いリンゴ、青いトマト、刈ったばかりの青い草の素晴らしい香りを持つ。口中で青いアーモンドに代表される香ばしさを感じるようなナッツ香も。辛味・苦味ともにしっかりと持ち、辛味の持続性がある。キレのある味わいが特徴。脂肪分を含む食材の後味をすっきりさせてくれる。シンプルな料理でオイルがメインとなりうる。

アルベキーナ 青いトマト、やさしい青い草、そして少し青いバナナの香りを持つ。苦味は穏やか、辛味は少々強いがアタックは中程度。香りの高さが素晴らしく、収穫時の実の状態が良いことがわかる。苦味が穏やかなので、香りの特徴を生かしてオールマイティーに使えるオイル。野菜や魚介類を中心に幅広い料理に試してみたい。

＊ファースト・デイ・オブ・ハーヴェストは毎年ラベルデザインが変わる。掲載ラベルは2013年収穫分の日本仕様250mlデザイン。

アンダルシア州ハエン県
Melgarejo
メルガレホ

ハーブのような清涼感あふれる香り
スペインを代表する土着品種のオイル

Melgarejo
PICUAL
メルガレホ ピクアル

Melgarejo
COMPOSICIÓN
メルガレホ コンポジシオン

💧ピクアル💧スパイス、ナッツ系、青いアーモンド、刈ったばかりの草の香りなど、ピクアルの良さが生かされている。ピクアル単一品種の中でも特筆すべきオイル。苦味と辛味も強いが、香りの高さがそれに勝る。また余韻が長い。後味にアーティチョーク、ミントの清涼感ある香りもある。🍴まずはシンプルな料理に合わせて、このオイルの香り高さを楽しみたい。

💧ピクアル、オヒブランカ、アルベキーナ、フラントイオ💧複雑で華やかな香りと青々しい香りの統一感がすばらしい。口の中で広がる香りまで配慮したブレンド技術を感じる。ミント、ユーカリなどハーブ類、そして青いトマトの香りを持つ。苦味は強くなく辛味はほどほどの強さ。爽やかで切れ味がよい。🍴素材を選ばず、比較的万能に合わせて楽しめるオイル。

ヴィボン(ピクアル250ml) エクリティ(100ml／250ml／500ml)

スペイン / Spain

Aceites Melgarejo
(Aceites campoliva S.L.)
Camino Real, S/N(circunvalación), Pegalajar. Jaén
http://www.aceites-melgarejo.com

- ピクアル300,825m　その他600-700m
- 樹間を広くとった伝統的栽培法
- 機械式
- 自社搾油所
  連続サイクル方式（遠心分離法）

アンダルシア州ハエン県はオリーブ研究に熱心な大学をはじめとする研究機関が集まるスペイン有数のオリーブ研究先進地域。この生産者は研究機関と連携して栽培から搾油まで最新技術を駆使している。大規模な農園での集約的栽培をしながら、健康な実の状態で搾油をしている好例。

Melgarejo ARBEQUINA
メルガレホ アルベキーナ

アルベキーナ やさしい中にもしっかりした青さと辛味が感じられるオイル。オリーブの実の健康さが感じられる。青いトマトの茎と果実、青いアーモンドがやさしく香る。刈ったばかりの草の香りも少し持つ。苦味も辛味もやさしいが、辛味がじわじわと後から持続する。

Melgarejo FRANTOIO
メルガレホ フラントイオ

フラントイオ イタリアで栽培されたフラントイオとは異なる個性を持つ。刈ったばかりの草とともに、緑茶のような青々しい香りを感じる。アーティチョークの蕾と茎、そして青いアーモンドやオリーブの葉の要素も持つ。5種類の中で苦味が一番強く、辛味も同程度強い。

Melgarejo HOJIBLANCA
メルガレホ オヒブランカ

オヒブランカ ミントのような爽快感のある香りが高いオイル。その他青いトマト、その奥に青いアーモンドと刈ったばかりの草の香りが潜んでいる。口に含むとアーティチョークの香りが立つ。苦味と辛味をしっかりと持つ。最後に辛味が強く現れる。

カスティーリャ＝ラ・マンチャ州トレド県

Casas de Hualdo
カサス・デ・ウアルド

土着品種を丁寧なケアで健康に栽培
高いブレンド技術による秀逸な香りのバランス

Casas D Hualdo
RESERVA DE FAMILIA
カサス・デ・ウアルド
レセルヴァ・デ・ファミリア

Casas D Hualdo
PICUAL
カサス・デ・ウアルド
ピクアル

🫒アルベキーナ、ピクアル、コルニカブラ、マンサニーリャ💧バランスのよい味わいと青々しさの中に華やかさを持つ。非常に高度なブレンド技術を感じるオイル。ハーブ、フローラル、刈ったばかりの草、やわらかい青草、オリーブの葉、ユーカリの葉、そして柑橘類とアーティチョークの香りも最後に感じる。辛味と苦味は共に強く、辛味は持続する。

🫒ピクアル💧清涼感とボディの強さを持つ。新鮮なハーブ、青いアーモンドの香りを感じる。苦味と辛味は同程度の強さで、すばらしくバランスの良い状態。かつ持続性がある。口中では刈ったばかりの草、アーティチョーク、ハーブの香りも感じる。🍴野菜、魚介類、肉の料理など、さまざまな調理法と幅広く合わせられる。

サンワ　パワジオ倶楽部・前橋（25ml／250ml／500ml　レセルヴァ・デ・ファミリアは500mlのみ）

Casas de Hualdo, S.L.
Camino de la Barca, S/N El Carpio de Tajo, Toledo
http://www.casasdehualdo.jp

- 400-600m
- 密集栽培法
- 機械式
- 自社搾油所 連続サイクル方式(遠心分離法)

冬は寒く、夏は高温で乾燥するため、害虫や病気にかかりにくいといわれるトレドの地で、丁寧にケアされた密集栽培法を成功させている。少ない雨量をカバーする近代的な灌漑システムや、最新の農業技術と高い知識で、価格と品質とのバランスを理想的に備えたオイル作りを実現している。

スペイン / Spain

Casas D Hualdo
CORNICABRA
カサス・デ・ウアルド
コルニカブラ

Casas D Hualdo
MANZANILLA
カサス・デ・ウアルド
マンサニーリャ

Casas D Hualdo
ARBEQUINA
カサス・デ・ウアルド
アルベキーナ

🌿コルニカブラ💧それぞれの香りの要素がしっかり際立つ。土着品種の特徴が非常に良く出たオイル。刈ったばかりの草、アーティチョーク、オリーブの葉、そして清涼感あるハーブの香りを持つ。辛味より苦味を強く感じる。🍴苦味のある新鮮な青もの野菜などと相性が良い。

🌿マンサニーリャ💧香り高く、健康なオリーブの実で作られたオイル。ミディアムの印象だが、じわじわと味わいの強さが感じられる。青いアーモンド、刈ったばかりの草の香りを持ち、微かな甘い香りもある。苦味はほどほどに、辛味はしっかりとあり、持続する。

🌿アルベキーナ💧アルベキーナはライトなオイルになりがちだが、これは適度なパンチ力と芯の強さがある。刈ったばかりの草、青いアーモンド、そして最後にアーティチョークとナッツの香りを感じる。辛味は最初にインパクトを感じるがすっと消え、苦味も穏やか。

アンダルシア州コルドバ県

Almazaras de la Subbética
アルマサラス・デ・ラ・スブベティカ

150万本を超える広大なオリーブ畑
清涼感溢れる青々しいオイルは万能に活躍

Almazaras de la Subbética S.L.
C/ Rafael Gordillo no.4, bajo Priego de Córdoba
http://www.almazarasdelasubbetica.com/

650m

樹間を広くとった伝統的栽培法

手摘み+機械式

自社搾油所
連続サイクル方式(遠心分離法)

コルドバの2つの搾油所が合併した生産者。オリーブ農家とオリーブの古木を大切にしながら高品質のオリーブオイル生産に努めている。スペインの土着品種であるピクードとオヒブランカを栽培。

DOP
Rincón de la Subbética
リンコン・デ・ラ・スブベティカ

💧オヒブランカ💧青いトマトの香りが特徴。ミント、ローズマリー、セージ、ルッコラなどハーブ類や、刈ったばかりの草、ユーカリの葉などの香りを持つ。苦味は中程度、辛味は心地よいインパクトで持続する。清涼感があり、口の中がすっきりとする。最後に青いリンゴの香りが残る。🫒生野菜のサラダ、蒸し野菜やスープなど、野菜全般とよく合う。爽やかなハーブの香りを持つので、ハーブを効かせた料理とも合う。トマトソースには華やかな印象を与えながら調和する。魚介類の料理は、青魚のマリネ、イカやタコのグリル、スープやクスクスなどと相性がよい。肉料理は蒸し鶏のサラダや鶏もも肉の香草焼き、豚肉のソテーなど、優しい味わいのものと合わせて。フルーツやミントのアイスとの相性も抜群。

オリオテーカ(250ml)

アンダルシア州コルドバ県
Aroden
アロデン

古木の実からつくる
若葉のような清々しい香り

🏠 **Aroden S.A.T.**
Ctra. A-339, Km 19.5,
Carcabuey, Córdoba
http://www.aroden.com

⛰ 700-1000m

🌳 樹間を広くとった伝統的栽培法

👤 手摘み＋機械式

🏭 自社搾油所
連続サイクル方式（遠心分離法）

16世紀からのオリーブ栽培の歴史を持つ地域の生産者。コルドバの自然公園の周辺、標高の高いプリエゴ・デ・コルドバで農園と搾油所を営む。樹齢200年以上の木も多く、大切に栽培している。

DOP
CLADIVM
HOJIBLANCA
クラディウン オヒブランカ

🌿オヒブランカ💧バジルやミントなどハーブの清涼感と華やかな香りがとても高いオイル。ユーカリの葉、葉の新芽、若々しい青さを感じる。口の中では青いアーモンドや青いトマトの香りも抜けていく。苦味は少なく、辛味がとても強く、持続性もかなり長い。🍴野菜や魚介類の料理全般とよく合う。香り高い風味と食材の相性を試してほしい。

丸十（250ml／500ml）

アンダルシア州セビリア県
Basilippo
バシリッポ

セビリアにある自社農園で
早摘みの実だけで搾油したオイル

🏠 **Basilippo Calidad Gourmet, S.L.**
Hacienda Merrha. Ctra. Viso-Tocina(SE-3201),
Km2 El Viso del Alcor Sevilla
http://basilippo.com

⛰ 350-500m

🌳 樹間を広くとった伝統的栽培法

👤 手摘み＋機械式

🏭 自社搾油所
連続サイクル方式（遠心分離法）

自社農園を何カ所か持ち、それぞれの個性を生かしたオイルを生産。バシリッポ・グルメは自社農園のひとつ「アシエンダ・メラ」で早摘みのオリーブの実で搾油する。

Basilippo
Gourmet
バシリッポ・グルメ

🌿アルベキーナ💧ミディアムより少し穏やかなオイル。刈ったばかりの草、ハーブ、アーティチョークの香りを持つ。後から青いアーモンドや青いバナナの香りも立つ。苦味と辛味ともにそれほど強くなく穏やか。🍴やさしい味わいの料理に幅広く合わせることができる。葉もの野菜のサラダ、ミネストローネ、日本料理ならお造りや豆腐料理などとも相性がよい。

丸十（250ml）

スペイン / Spain

アンダルシア州グラナダ県

Venchipa
ベンチパ

グラナダの太陽を感じる
香りの要素が際立つ単一品種オイル

Venchipa S.L.
Ctra. Ácula-Ventas de Huelma Km.1,
Ácula, Granada
http://omedoil.com/

600m

樹間を広くとった伝統的栽培法

機械式

自社搾油所
連続サイクル方式（遠心分離法）

シエラネバダ山脈の麓、標高600mの地点にあるアクラの生産者。2品種を代々栽培し、良質のオイルを作ってきた。オーメッドシリーズはポリフェノール値が高い、緑の状態のオリーブを収穫して搾油している。

O-MED Arbequina
オーメッド アルベキーナ

O-MED Selection
オーメッド セレクション

アルベキーナ　香りの高さはミディアム、味わいはミディアムからライト寄りのオイル。青いトマトと草の香りとともに、オリーブの葉の香りも持つ。比較的穏やかだが辛味をしっかりと持つ。苦味はやさしい。味わいの優しいサラダや、ボイルした魚、鶏のむね肉やささみなどを使った比較的淡白な肉料理、爽やかな味わいのお菓子にもよく合う。

ピクアル　爽やかで清涼感のあるオリーブオイル。ミントやバジルなどのハーブ、ユーカリの葉の香りが特徴的。微かに青いバナナと青いトマトの香りを含む。苦味はそれほど強くなく、辛味はしっかりと持つ。オイルの特徴を生かし、ハーブや香草を使った料理と合わせると深みと華やかさが楽しめる。魚介類やトマト料理との相性もよい。

オーケストラ（250mlホワイトボトル・缶／500ml／1000ml缶）

アンダルシア州マラガ県
Finca la Torre
フィンカ ラ トーレ

紀元前からのオリーブ栽培の地で
土着品種をバイオダイナミック農法で栽培

Finca la Torre
Apartado de correos81,
Antequera, Málaga
http://www.fincalatorre.com

420-480m

樹間を広くとった伝統的栽培法

手摘み+機械式

自社搾油所
連続サイクル方式（遠心分離法）

アンダルシアの中心地・マラガ有数の観光地、アンテケラにある搾油所。古代ローマ時代からオリーブオイルを生産してきた歴史を持つ。スペインの土着品種のオリーブをバイオダイナミック農法で栽培。健康な実を傷をつけないよう丁寧に収穫、最新設備で搾油している。

Finca la Torre
ARBEQUINA
フィンカラトーレ アルベキーナ

Finca la Torre
HOJIBLANCA
フィンカラトーレ オヒブランカ

アルベキーナ しっかりとした味わいながら、洗練された香りを持つ。青いアーモンドや青いトマト、刈ったばかりの草の香りを強く感じる。苦味はそれほど強くなく、辛味がしっかりと持続性があり、かつスマートでエレガントな味わい。トマトはじめ、野菜料理全般に。魚介類の料理、鶏肉や豚肉など優しい味わいの肉料理などに。

オヒブランカ スパイシーな香りとしっかりした味わいが特徴のオイル。最初に黒胡椒や刈ったばかりの草、ナッツ系の香り、最後にアーティチョークの香りが立つ。口に含むと青いトマトの香りが立ち上る。苦味と辛味ともにしっかり持ち、辛味に持続性がある。牛肉や羊肉のグリルなど、しっかりした脂分と合わせて。胡椒やスパイスを効かせた料理にも。

ルトーレプロジェクト（250ml／500ml）

スペイン / Spain

スペイン

カタルーニャ州レス・ガリゲス
Cal Saboi
カル サボイ

収穫時期に応じてオイルをタイプ分け
アルベキーナのやわらかな香りと味わい

Drynuts, S.L. Cal Saboi
EAST OFFICE: Rambla del jardi 119 Valldoreix, S. Cugat del Vallés, Barcelona
http://www.calsaboi.com

カタルーニャ州内陸の創業地、レス・ガリゲスで6代に渡って土着品種のアルベキーナを栽培、収穫期に応じ、タイプ分けをして搾油している。

540m
樹間を広くとった伝統的栽培法
機械式
自社搾油所
連続サイクル方式（遠心分離法）

Cal Saboi
PREMIUM ARBEQUINA
カルサボイ
プレミアムアルベキーナ

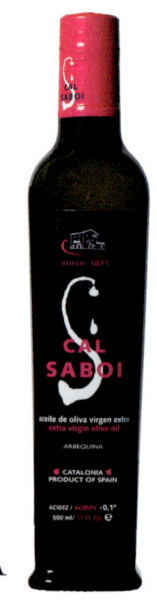

Cal Saboi
ARBEQUINA
カルサボイ アルベキーナ

🌿アルベキーナ💧11月中旬までの若い実で搾油。少し甘味のあるナッツの香りの奥に、レタスのようなやさしい野菜の香りやバナナ香を感じる。苦味と辛味ともにライト。🍴デリケートな味わいなので、繊細な日本料理と合わせてもよい。湯豆腐の割醤油に少し入れたり、白身魚のお造りや蒸し物などにも。葉もの野菜やフルーツを使ったサラダとも合う。

ベスカ（100ml／250ml／500ml）

🌿アルベキーナ💧プレミアムに比べて成熟が進んだ11月下旬から12月にかけて収穫した実で搾油。ナッツ香とともにほのかな草の香りを持つ。苦味はなく軽い辛味が感じられる。🍴優しい味わいなので卵料理などに向いている。オムレツや、卵とトマトの炒め物などに。ケーキの生地を作るときの材料として。ポテトサラダや野菜のスープに合わせてもよい。

その他の地中海沿岸の国々
ギリシャ・トルコ・モロッコ・ポルトガル・クロアチア

ギリシャ

栽培面積●約110万ヘクタール
栽培本数●約1億5700万本
　生産量●約23万トン

ギリシャは一人あたりの年間オリーブオイル消費量が18kgと世界一です。温暖な気候、なだらかで低い丘と、気候風土に恵まれ、古来よりオリーブ栽培が盛んでした。紀元前3500年頃にはクレタ島ですでにオリーブが栽培されていたといいます。主な産地はペロポネソス半島、クレタ島、イオニア諸島などです。約100を超える品種があり、コロネイキが総栽培面積の50〜60％、カラモンが15〜20％、マストイディスが15〜20％です。近年、高品質のオイル作りを目指す生産者が増えています。

ポルトガル

栽培面積●約34万6778ヘクタール
栽培本数●約3800万本
　生産量●約7万6200トン

ポルトガルには古代エジプト人やギリシャ人によって、ワインやオリーブオイルが持ち込まれ、古代ローマ人によりオリーブが栽培されるようになりました。国内のオリーブ畑は、スペインと隣接する地域にとりわけ多く、主要栽培品種はガレガ・ヴルガルで、総栽培面積の約80％を占めています。他にコブランソーサやコルドヴィル・デ・セルパといった品種も多く栽培されています。近年は栽培技術が向上し、品質を重視したオイル作りに取り組む生産者も増えてきました。

クロアチア

栽培面積●約1万8100ヘクタール
栽培本数●約350万本
　生産量●約4000トン

クロアチアでは、紀元前4世紀には古代ギリシャ人によってオリーブ栽培がおこなわれていました。さらに紀元1世紀頃、オリーブ栽培を熟知した古代ローマ人により、栽培面積が拡大していきました。イストラ半島西岸地域のポレチェやブリュニなどには当時の搾油所の遺跡があります。現在もイストラ半島やアドリア海沿岸地域のダルマチア地方が栽培地の中心です。主要栽培品種はオブリツァで、他にブジャ、レッチーノ、ラストゥカなどがあります。

トルコ

栽培面積●約79万9000ヘクタール
栽培本数●約1億6900万本
　生産量●約18万トン

トルコはやせた石灰質の土地と夏期が暑く長いなど、オリーブの生育には絶好の気候風土です。古くからオリーブ栽培が盛んでした。20世紀半ば頃、政府の振興策でオリーブの木の保護と植栽が促進されましたが一度停滞。しかし近年再びオリーブ栽培が脚光を浴びるようになりました。生産量もここ数年は世界4〜6位に位置しています。主な栽培地はエーゲ海や地中海に面した西の地域です。品種はメメシックが約50％、次いでアイベリックが19％、ゲムリックが11％を占めています。

モロッコ

栽培面積●約94万ヘクタール
栽培本数●約8000万本
　生産量●約12万トン

北アフリカでチュニジアに次ぐオリーブオイル生産量を誇るのがモロッコです。栽培の歴史は数千年にわたり、北部ヴォルビリス遺跡には古代ローマ時代の搾油所跡があります。栽培は一部乾燥地帯と山岳地帯を除き、全国で行われています。品種はピショリーヌ・マロケーヌが全体の約90％以上を占めています。農業省は、2008年に自給率向上と農産物輸出量増加を目的とした、「緑のモロッコ計画（Plan Maroc Vert）」を発表し、現在オリーブ畑の拡大も大幅に進めています。

ギリシャ

レスボス島
Kalambokas Farming
カラムボカス・ファーミング

レスボス島の土着品種・コロヴィを
家族で栽培し、丁寧に搾油

N.Kalambokas Farming
Plomari, Lesvos, Greece
http://eirini-oliveoil.gr

- 800m
- 樹間を広くとった伝統的栽培法
- 手摘み
- 自社搾油所
  連続サイクル方式（遠心分離法）

トルコに近いギリシャ領のレスボス島で、カラムボカス一家が丁寧に土着品種のコロヴィを栽培し、最新の技術で搾油を行う。栽培はバイオダイナミックで、オリーブの周りにコンパニオンプランツを植えたり、農作業に馬を使うなど、農園をなるべく自然に保つ努力をしている。

Greece

IGP
EIRINI PLOMARIOU
イリニ プロマリウ

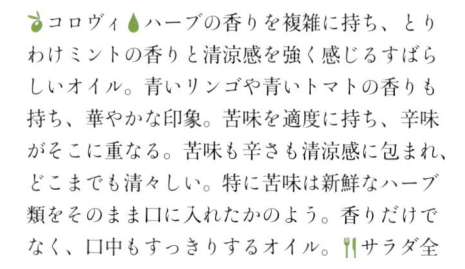

🌿 コロヴィ 🌿 ハーブの香りを複雑に持ち、とりわけミントの香りと清涼感を強く感じるすばらしいオイル。青いリンゴや青いトマトの香りも持ち、華やかな印象。苦味を適度に持ち、辛味がそこに重なる。苦味も辛さも清涼感に包まれ、どこまでも清々しい。特に苦味は新鮮なハーブ類をそのまま口に入れたかのよう。香りだけでなく、口中もすっきりするオイル。🍴 サラダ全般や魚介類、ハーブを多用した料理によく合う。バニラアイスやヨーグルトに合わせると清涼感のある味わいに。また、玉ねぎやトマト、キュウリなどの野菜とフェタチーズをドライオレガノと胡椒、ワインヴィネガーで味付けするホリアティキサラダや、羊肉をレモンとオリーブオイルでマリネし、野菜などと一緒に紙に包んで蒸し焼きにするクレフティコなどとよく合う。

エスティア日本（250ml／500ml）

クレタ島
terra creta
テレ クレタ

トレーサビリティシステムを導入
1本1本のオイル作りへの自信と誇り

Terra Creta S.A.
Kolymvari, Chania, Crete, Greece
http://www.terracreta.gr

- 500m
- 樹間を広くとった伝統的栽培法
- 手摘み＋機械式
- 自社搾油所
- 連続サイクル方式(遠心分離法)

2001年に搾油所創業後、輸出と生産の安定性、オーガニック商品の品質保持を見据えてコリンヴァリ地区に移転。最新技術を導入し、より高品質のオイル生産に努めている。地元農家の栽培する土着品種、コロネイキの栽培地区・方法ごとに、製品ブランドをつくっている。

terra creta estate 0.2 Platinum
テレ クレタ エステート0.2
プラチナ

terra creta estate organic
P.D.O. Kolymvari Chania Crete
テレ クレタ エステート
オーガニックP.D.O.
コリンヴァリ ハニア クレタ

🌿コロネイキ 💧健康な良い状態の青い実で搾油された酸度が0.2％以下のオイル。青いトマトや青いアーモンドの香りを特徴的に感じる。苦味は少なく、ライトな中にもしっかりとした辛味があり、心地よい状態で持続する。青々しい香りも辛味とともに持続する。🍴魚介のスープに魚やタコ、イカのグリル、鶏肉料理、ギリシャ料理のイェミスタにも。

🌿コロネイキ 💧オーガニック栽培のコロネイキのみを使用、コリンヴァリ地区の原産地保護呼称を取得したオイル。やさしい味わいのライトなタイプ。青いリンゴ、青いトマトなどの香りが特徴。野菜の香りとナッツ系の香りも少々感じる。苦味は少なく、辛味もすっと消える。🍴ギリシャのタラモサラタや魚介料理、トマト料理と相性が良い。

シネオメガ(250ml／500ml　プラチナは500mlのみ)

ギリシャ / Greece

ギリシャ

クレタ島
Kritsa
クリツァ

ギリシャ代表品種・コロネイキの健康な生育を感じるオイル

- Agricultural Cooperative of Kritsa
  Kritsa, Lasithi, Crete, Greece
  http://www.kritsacoop.gr/
- 700m
- 樹間を広くとった伝統的栽培法
- 手摘み+機械式
- 自社搾油所
  連続サイクル方式(遠心分離法)

"エベクシア"はギリシャ語で「健康で幸福であること」の意。産地・クレタ島のラシティ地方は、土着品種コロネイキの最古の木が生き続けるほど、オリーブ栽培の歴史が長い。この地で最新の搾油技術による高品質のオリーブオイルを生産している。

evexia
エベクシア

🌿 コロネイキ 💧 やわらかい草、野菜のニュアンスなど青い香りが特徴。さっぱりとした日本の梨の皮に似た香りも持つ。口中でナッツ系の香りを感じる。苦味は穏やかで、辛味はあるもののすぐに引く。🍴 優しい味わいの葉もの野菜のサラダ、ポテトサラダにもよく合う。魚介料理全般、魚やタコ、イカなどのフリットもすっきりとした風味に揚がる。

ダイワ・トレーディング(250ml/500ml)

トルコ

バルケシル県
Laleli
ラーレリ

医学博士が経営する農園の早摘みの実で搾ったオイル

- Taylieli Olive and Olive Oil Establishment
  Taylieli Köyü Burhaniye / Balikesir, Turkey
  http://www.zeytinim.com/
- 200-650m
- 樹間を広くとった伝統的栽培法
- 手摘み+機械式
- 自社搾油所
  連続サイクル方式(遠心分離法)

トルコ西部のバルケシルで土着品種のオリーブを搾油。有機栽培の畑も所有する。大学で医学、生化学などを教えるラーレリ博士が家族のオリーブオイル農園を引き継ぎ、品質の向上に努めている。

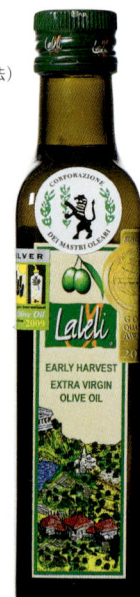

Laleli EARLY HARVEST
ラーレリ アーリー ハーベスト

🌿 アドレミッション 💧 ライトな香りのやさしいオイル。青い草、レタスなどの野菜、青いリンゴ、青いバナナのやさしい香りを感じる。苦味は少なく、辛味も強くない。口中では微かにアーモンドのような丸みのあるまろやかな香りも残る。🍴 魚介類のクスクスやカルパッチョ、蒸した魚やエビなどと相性がよい。フレッシュチーズや菓子作りにも。

ミヤ恒産(250ml)

メクネス=タフィラーレ地方メクネス
AGRO NAFIS
アグロ ナフィサ

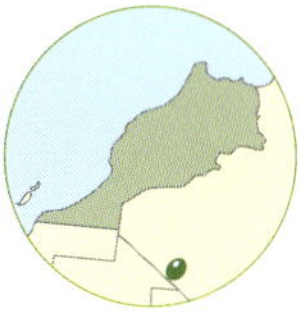

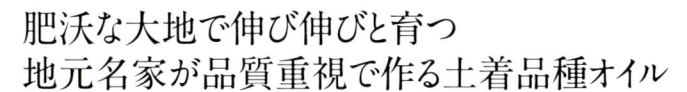

肥沃な大地で伸び伸びと育つ
地元名家が品質重視で作る土着品種オイル

AGRO NAFIS S.A.R.L
Commune Rurale Ait Ouallal, Meknès, Morocco
http://www.domainechami.com

450m

樹間を広くとった伝統的栽培法

手摘み＋機械式

自社搾油所
連続サイクル方式（遠心分離法）

モロッコ王国メクネスの名家、シャミ家が自家農園で土着品種のほか多品種を木が健康に育つように栽培。収穫後1時間以内に農園内搾油所の最新システムで搾っている。

NAFISA
INTENSE
ナフィサ インテンス

モロッコ

Morocco

ピショリーヌ・マロケーヌ 非常に個性的な香りを持つ。最初にフルーツ、特に青いリンゴや青いバナナの香りを強く感じる。その後にミントやローズマリーなどハーブの香りが追いかけてきて全体の印象が締まってくる。味わいは辛味の余韻が心地よく、苦味は少ない。野菜のクスクス、ヒヨコ豆のサラダ、白インゲン豆をスパイスと煮たもの、イカやタコの煮込みなどに合う。またタジン鍋で作る蒸し料理に応用させたい。クミンやパプリカ、サフランなどを多用しても、比較的マイルドな味わいのモロッコ料理との相性も良い。魚介類を使った料理や、香草を使った鶏肉料理に合わせても良い。柑橘類のデザートにも。

日本緑茶センター（250ml）

95

ポルトガル

アルメンドラ
CARM
カルム

ポルトガル内陸の雄大な丘陵地帯
畑の風土の違いをオイルで表現

Portugal

CARM Praemium
D.O.P. Trás-os Montes
カルム プレミアム
D.O.P.
トラズ・オス・モンテス

CARM Grande Escolha
D.O.P. Trás-os Montes
カルム グランデエスコーリャ
D.O.P. トラズ・オス・モンテス

マドゥラル、ヴェルディアル、ネグリーニャ
青いトマトや青いリンゴの香りが特徴で、ミントやローズマリーなどのハーブ類の香りも持つ。香り高く、苦味は中程度、清涼感のある辛味が持続する。サラダ、トマト料理、タコやイカのマリネ、魚介類のスープ、フレッシュチーズなどとよく合う。ハーブ香を生かし、羊肉や豚肉などと合わせても。

マドゥラル、ネグリーニャ、ヴェルディアル
オリーブの葉、青いトマト、青リンゴの爽やかな香りを持つ。口中には青いアーモンドやハーブ、レタスなど野菜の香りも立ち上がる。苦味はやさしく穏やかで、辛味は心地よく持続する。ローズマリーとジャガイモのグリル、オレガノを使った卵料理、魚介類のマリネ、魚のグリル、トマトソースのパスタなどに合わせて。

メルカード・ポルトガル（カルムプレミアム250ml／500ml　カルムグランデエスコーリャ500mlのみ）

世界のオリーブオイル・カタログ

96

CARM Casa Agricola Roboredo Madeira, Lda.
Rua da Calabria, Almendra. Portugal
http://www.carm.pt

- 20-400m（カルムシリーズ）
- 125-170m（キンタドビスパード）
- 130-300m（キンタドコア）
- 樹間を広くとった伝統的栽培法
- 手摘み＋機械式
- 自社搾油所
- 石臼プラス連続サイクル方式（遠心分離法）

ポルトガル内陸のドウロ川流域の雄大な自然に囲まれたアルメンドラ村で、17世紀よりワインとオリーブオイルを生産してきた一家。広大な丘陵地帯の畑別に気候風土の多様性を反映させたオリーブオイルを生産。有機農法栽培にも取組み、製品の品質を向上させる努力を続けている。

ポルトガル Portugal

DOP QUINTA DO CÔA
D.O.P. Trás-os Montes
キンタド コア
D.O.P.
トラズ・オス・モンテス

マドゥラル、ネグリーニャ、ヴェルディアル
青々しい香りの高さと爽やかな苦味が特徴のオイル。刈ったばかりの草、野菜、青いアーモンド、ユーカリの葉の香りを持つ。口中では同様に草とアーティチョークの香りを感じる。苦味は清涼感のある強さ。辛味もしっかりと持ち、ともに持続する。肉料理やチーズなど乳製品との相性が良い。

DOP QUINTA DO BISPADO
reserva
キンタド ビスパード
リゼルヴァ

マドゥラル、コブランソーサ、ヴェルディアル　ミント、バジル、ローズマリーなどの香りをまず感じる。口中では青いトマト、刈ったばかりの草、青いアーモンド、ハーブ類、最後にアーティチョークの渋味と柑橘類の香りを感じる。苦味は中程度、辛味もしっかりと持つ。サラダやフルーツのデザート、野菜をたっぷり入れたクスクス、魚料理などに。

サンワ　パワジオ倶楽部・前橋（キンタシリーズ250ml／500ml）

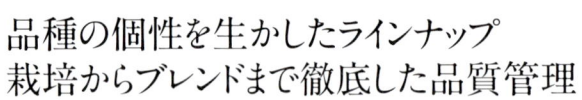

クロアチア

イストラ半島
OLEA B.B.
オレア ビービー

品種の個性を生かしたラインナップ
栽培からブレンドまで徹底した品質管理

Croatia

Oleum Viride
selekcija belić
オレウムヴィリデ
ベリッチセレクション

Oleum Viride
buža
オレウムヴィリデ ブジャ

🫒レッチーノ、ヴォドニャンスカ・ツルニツァ、フラントイオ、イスタルスカ・ビイェリツァ、ブジャ、ペンドリーノ💧青いアーモンドと青々しい草の高い香りを持ち、品種それぞれが健康な状態で搾油されている。口中では熟したトマトが香り立つ。微かなアーティチョークの香りと辛味を一瞬感じ、後味も良い。

🫒ブジャ💧華やかな印象の土着品種・ブジャ100%のオイル。刈ったばかりの青い草と青いバナナの香りの奥に、少し甘味のある香りを感じる。口中では草やアーティチョークとともに、最後に黒胡椒の香りが抜けていく。辛味をしっかりと、苦味をほどほどに持つ。🍴どのような素材とも比較的合わせやすい。

おいしいクロアチア（100ml／250ml　ベリッチセレクションのみ500mlあり）

世界のオリーブオイル・カタログ
98

クロアチア / Croatia

OLEA B.B.d.o.o.
Creska 34, Rabac, Croatia
http://www.oleabb.hr/

- 30-150m
- 樹間を広くとった伝統的栽培法
- 手摘み
- 共同搾油所など
  連続サイクル方式（遠心分離法）

オリーブ栽培が盛んなイストラ半島の生産者のオイル。ブレンドオイルと単一品種のオイルで豊富なラインナップを持つ。土着品種とイタリアの品種を栽培。品質管理と収穫のタイミングへのこだわりが感じられるクオリティ。特にそれぞれの品種の特徴を出したブレンド技術がすばらしく、香りと味わいのイメージを、生産者が明確に持っていることを感じる。

Oleum Viride frantoio
オレウムヴィリデ フラントイオ

フラントイオ 立ち上る香りはそれほど強くないものの、口中に含むとフラントイオらしい、刈ったばかりの青い草、アーティチョークの蕾と茎の強い香りを感じる。しっかりとした辛味と適度な苦味を持ち、ポリフェノール値がとても高いことが窺える。グリルした野菜やキノコ料理、アーティチョークのサラダ、豆のスープ、肉料理と相性がよい。

Oleum Viride leccino
オレウムヴィリデ レッチーノ

レッチーノ ライトな香りと味わいのレッチーノらしさを引き出している。まずオリーブの葉が香り、口中では野菜とやわらかな草の香りが抜ける。苦味は弱く、辛味は最初のアタックはあるものの持続性はそれほどない。白身魚から赤身までお造り全般や豆腐・豆料理など、素材の優しさを生かす日本料理との相性が良い。

クロアチア

イストラ半島
LEONI EXPORT-IMPORT
レオーニ

黒胡椒のスパイシーさを感じる
クロアチア土着品種100%のオイル

Leoni export-import d.o.o.
Zemljoradnička 11, Umag, Croatia
http://www.cuj.hr/

- 50-100m
- 樹間を広くとった伝統的栽培法
- 手摘み+機械式
- 自社搾油所　連続サイクル方式（遠心分離法）

伝統的な土着品種を大切にしながら、最新の技術と設備でオイル作りに挑戦する生産者。ブドウ栽培とワイン醸造も手がけている。オリーブは、複数の品種を栽培し、単一品種とブレンドのオイルをともに製造している。

CUJ Črna
ツイ チュルナ

チュルナ　黒胡椒や乾燥したナッツ香のスパイシーさと、苦味と辛味をしっかりと持つ強いオイル。刈ったばかりの青い草、アーティチョークの強い香りと同時に、ミントのようなハーブの香りも含む。苦味と辛味をしっかり持ち、持続する。香りの高さと味わいの強さがバランスよく調和している。香りとスパイシーさをストレートに楽しむ料理、例えばニンニクをすりつけ、焦げ目をしっかりつけたパンにオイルをかけるブルスケッタ、ボッリート・ミストや肉のグリル、特に黒胡椒を粗く挽いてまぶした肉料理、そして苦味の強い野菜を使った料理におすすめしたい。豆にパンチェッタなど動物の脂肪の甘味を加えた煮込み料理や、熟成チーズを使った料理などにも。

おいしいクロアチア（250ml）

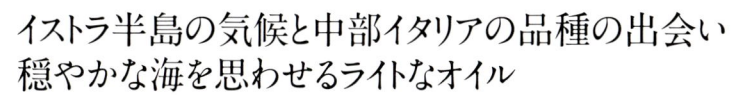

イストラ半島
agrofin
アグロフィン

イストラ半島の気候と中部イタリアの品種の出会い
穏やかな海を思わせるライトなオイル

クロアチア / Croatia

agrofin d.o.o.
Romanija 60/A, Zambratija,
Savudrija Croatia
http://www.mateoliveoil.com/

- 50m
- 樹間を広くとった伝統的栽培法
- 手摘み
- 自社搾油所
  連続サイクル方式（遠心分離法）

イタリア・トスカーナ州で経験を積んだ生産者がアドリア海を望む農園で良質のオイルを生産。中部イタリアの品種で単一品種とブレンドの個性の違うオイルを作る。

MATE
trasparenza marina
マテ_マリーナ

レッチーノ、ペンドリーノ 中部イタリアの代表品種2つを使ったライトな香りのオイル。刈ったばかりの青い草、みずみずしいレタス類の野菜、青いアーモンドの香りが特徴。苦味は少なく、辛味が後から感じられ、かつ持続性がある。オイル名「海辺の透明さ」を思わせる穏やかですっきりとした味わいは、生やボイルした魚、魚介類のリゾットなどに良く合う。ムール貝やアサリの白ワイン蒸しに。コクと爽やかな香りをプラスしつつ、貝類の旨味と調和し、奥深い味へと変化させる。ホワイトアスパラガスに温泉卵（半熟卵）を添えたサラダを混ぜ合わせるときに注いで。ルッコラ、トマト、ブロッコリーなどみずみずしい野菜との相性は抜群。デザートにしたアボカドのムースにも。

おいしいクロアチア（350ml）

オセアニア諸国

オーストラリア

栽培面積●約3万ヘクタール
栽培本数●約1000万本
　生産量●約1万8000トン

オーストラリアで本格的にオリーブ栽培が始まったのは1990年代半ばです。ギリシャやイタリアからの移住者の増加と、健康への関心の高まりからオリーブオイルの消費量が増えたことが背景です。オーストラリア南部が北半球の主なオリーブ栽培地とほぼ同じ緯度と気候であること、また北半球のオリーブオイルが市場に乏しくなったころに新ものを出荷できることも幸いしています。
ヴィクトリア州を中心に、南部での栽培が目立ちます。広大な畑の収穫や剪定をオートマチックに機械で行うなど、最新技術を導入した栽培法を取り入れている生産者が多いのも特徴です。
栽培品種はスペイン・イタリア・ギリシャなどで普及しているものが中心です。フラントイオが多く、他にアルベキーナ、コラティーナ、カラマタ、コロネイキ、オヒブランカ、ピクアル、レッチーノ、ネバディロ・ブランコ、ミッション、ペンドリーノ、コレッジョーロなどがあります。オーストラリアの気候風土にあった品種が定着する研究段階にあると言えるでしょう。

Australia

ニュージーランド

栽培面積●約1000ヘクタール
栽培本数●約40万本
　生産量●約367トン

ニュージーランドでは、19世紀半ばにオーストラリアから持ち込まれた苗木でオリーブ栽培が始まりましたが、その試みは成功しませんでした。およそ1世紀を経て、1960年にアスコラーナ、マンサニーリャ、ミッション、ヴェルディアルといった品種で再び栽培が始まり、1986年に近代的なオリーブ栽培が行われるようになりました。主な産地は北島、オークランドやホークス・ベイ地方です。品種はフラントイオが多く、他にレッチーノ、ピクアル、ピチョリーネ、マンサニーリャ、コロネイキ、カラマタなどがあります。北島では3月終わりから6月初めにかけて、南島では6月から8月にかけて収穫されます。

New Zealand

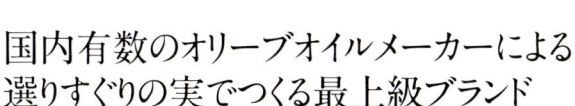

オーストラリア / Australia

ヴィクトリア州
Cobram Estate
コブラム エステート

国内有数のオリーブオイルメーカーによる選りすぐりの実でつくる最上級ブランド

Cobram Estate
8533, Murray, Valley Highway, Boundary Bend, Victoria, Australia
http://www.cobramestate.com.au

- 80m
- 樹間を広くとった伝統的栽培法
- 機械式
- 自社搾油所 連続サイクル方式（遠心分離法）

1998年にバウンダリーベンド社が大規模集約オリーブ栽培と搾油所のプラントを建設。オーストラリア有数のオリーブオイル生産体制を築いた。ヨーロッパ品種はじめ14種類のオリーブを導入し、プレミアムラインから、普段使いの求めやすい価格帯のものまで、複数のラインナップを製造している。コブラムエステートは商標。

ULTRA PREMIUM
RESERVE PICUAL
ウルトラプレミアム リザーブ ピクアル

ULTRA PREMIUM
RESERVE HOJIBLANCA
ウルトラプレミアム リザーブ オヒブランカ

ピクアル 青いトマト、野菜、青いバナナ、青いリンゴの香り、また微かに柔らかい草やハーブの香りも持つ。複雑な要素がバランス良く引出され、かつ香り高い。口中ではハーブと青いリンゴの香りが残る。苦味は中程度で辛味は心地よく持続する。生野菜、魚介類などに。鶏肉を使った料理や、生ハムに少しかけても。香味野菜のスープにもよく合う。

オヒブランカ 青いトマト、トマトの茎と葉の香りが際立っている。全体の香りはライト。ハーブの香りも持つ。苦味は穏やかで、スパイシーな辛味をほどほどに持ち、持続する。ハーブや香草を使った料理、魚介類の料理、辛味をもつルッコラのサラダなどフレッシュな生野菜に。また、アイスクリームならバニラやヘーゼルナッツ、ミントなどのソースとして。

チェンジングスペース（500ml）

103

オーストラリア

Australia

ニュージーランド

New Zealand

西オーストラリア州
Forest Edge Farm
フォレスト・エッジ・ファーム

フォレストヒルの麓の農場で
フランノトイオ単一品種で搾油

Forest Edge Farm
874 Boyup Road, Forest Hill, Mount Barker, Western Australia, Australia
http://forestedgefarm.com.au

235m

樹間を広くとった伝統的栽培法

手摘み

自社搾油所
連続サイクル方式（遠心分離法）

オーストラリア西部の広大な農地で2000年からオリーブ栽培をスタートした生産者。フランノトイオ単一品種にこだわり、サステナブルな農場運営に努めている。

Forest Edge Farm
フォレスト・エッジ・ファーム

🌿フランノトイオ💧アーティチョーク、オリーブの葉、草の香りを持つ。苦味と辛味を共にしっかりと感じ、バランスがとれている。辛味は穏やかな後味。🍴生野菜のサラダ、キノコのソテーやスープ、アスパラガスや菜の花のパスタ、ホウレン草とリコッタチーズのラビオリ、香草で味付けしグリルした魚、ボッリート・ミスト、ローストビーフなどとよく合う。

オリビオ（120ml／200ml）

ワイヘキ島
Rangihoua Estate
ランギハウ・エステート

自然に恵まれた美しい島の
青く清涼感あふれるオイル

Rangihoua Estate Ltd
1 Gordons Road, Rocky Bay, Waiheke Island, Auckland 1081, New Zealand
http://www.rangihoua.co.nz

70m

樹間を広くとった伝統的栽培法

手摘み＋機械式

自社搾油所
連続サイクル方式（遠心分離法）

オークランド市に面するハウラキ湾に浮かぶ自然豊かなワイヘキ島で、オリーブオイル製造をトスカーナで学んできた一家がオリーブ農場と搾油所を運営。地中海の食文化を農園から発信する。

RANGIHOUA ESTATE
ランギハウエステート

🌿ピクアル💧ミントやタイムなどハーブ、ユーカリの葉、オリーブの葉、青いアーモンドの香りを持つ。口中ではハーブや草、ミント、アーティチョークの香りが立つ。辛味はしっかりと持続する。苦味は穏やか。後味に青いトマトの皮のニュアンスも感じる。🍴トマトソースを使った料理、魚介類の前菜やアクアパッツァ、グリルした鶏肉、赤身の牛肉を使った料理などと。

光玉（100ml／250ml）

世界のオリーブオイル・カタログ

104

アメリカ合衆国

アメリカ大陸

栽培面積●約1万2141ヘクタール
栽培本数●約1500万本
　生産量●約1万トン

アメリカ合衆国は世界最大のオリーブオイル輸入国です。その量は年々増加し、2012〜2013年は約29万トンになりました。健康志向の高まりや政府の健康増進政策も影響し、この10年間で国内のオリーブオイル消費量が2倍になるなど、大幅に需要が伸びています。
国内の主な生産地はカリフォルニア州です。19世紀末の栽培面積は2000ヘクタールほどでしたが、ここ15年でその6倍近くに拡大しています。当初はミッション系の品種や、ヨーロッパの品種が多かったのですが、1999年にカリフォルニア州で超密集栽培法（p.18）が始められると、アルベキーナ、アルボザーナ、そしてコロネイキといった品種が栽培されるようになりました。伝統的な栽培法からより生産性の高い栽培法への転換と、広大な土地を生かした栽培で、今後の生産量の伸びが予想されます。

U.S.A.

チリ

栽培面積●約2万5000ヘクタール
栽培本数●約2250万本
　生産量●約3万2000トン

チリは16世紀に渡ってきたスペイン人によりオリーブ栽培がもたらされましたが、本格的なオリーブオイル生産においては新興国です。肥沃な土地、アンデス山脈からの豊かな水、そして地中海性気候というオリーブ栽培に適した条件を持つ上、オリーブミバエなどの害虫がほとんど存在しない恵まれた環境で、最新技術を取り入れた栽培ができるため、品質を重視したオリーブオイル作りに取り組む農園が多いことで注目されています。また、北半球のオイルが市場で品薄になるころに新ものを供給できるという南半球ならではのメリットもあります。
主要品種はイタリアのフラントイオ、コラティーナ、レッチーノ、その他、スペインのアルベキーナ、ピクアルも多く栽培されています。樹間を広く取った伝統的栽培法が多く採用されています。
生産量は増加傾向にあり、今後の可能性を秘めている国のひとつです。

Chile

アメリカ合衆国 U.S.A. / チリ Chile

カリフォルニア州サクラメント
BARIANI OLIVE OIL
バリアーニ

イタリア人一家が早摘みの実を絞った新鮮な風味

- Bariani Olive Oil
- 非公開
- https://www.barianioliveoil.com
- 非公開
- 樹間を広くとった伝統的栽培法
- 手摘み
- 自社搾油所 非公開

イタリアからカリフォルニア州に移住したバリアーニ家が、オリーブ農園からつくり、近年導入した最新設備で搾油している。特に早摘みのオイルはインポーターとコラボレートして誕生した製品。

BARIANI Early Harvest
バリアーニ アーリー ハーベスト

🫒ミッション、マンザニロ💧香りに青さを感じる。健康で品質の良い実の状態を感じる。青い草、アーティチョークの茎の部分の香りを持つ。砂糖を焦がしたような香ばしい苦味がしっかりしていて、ピリッとした辛味も味わえる。🍴味わいの強い野菜、豆料理、牛肉や羊肉のグリル、ジビエ料理、ゴルゴンゾーラチーズ、胡椒や山椒などを効かせた料理などと相性が良い。

日本ホールフーズ（500ml）

コキンボ州リマリ県
Valle Grande
バジェ・グランデ

オーガニック認証を取得 最新設備で搾油

- Olivícola VALLE GRANDE
- Camino El Guanaco Norte 6464, BodegaP-3. Huechuraba, Santiago, Chile
- http://www.vgoils.com
- 200m
- 密集栽培法
- 機械式
- 自社搾油所 連続サイクル方式（遠心分離法）

1998年創業以来、雄大な渓谷の恵まれた自然環境を生かして畑を広げてきた。ヨーロッパの品種を中心に栽培している。近代的なテクノロジーと丁寧な仕事で品質を守っている。

Olave Organic blend
オラベ・オーガニックブレンド

🫒フラントイオ、レッチーノ、コラティーナ、アルベキーナ💧草や青いアーモンド、レタスなど野菜の香りを持つ。苦味は穏やかで、辛味が心地よく残る。早摘みの健康な状態を感じられるオイル。

Olave KIDS
オラベ・キッズ

🫒アルベキーナ、ビアンコリッラ、コラティーナ💧緑茶のような香り、青いアーモンド、ハーブや野菜の香りを持つ。苦味も辛味も穏やか。子どもでも食べられるようにと開発。

ラティーナ（250ml／500mlオーガニックブレンド）

世界のオリーブオイル・カタログ

サンティアゴ　マウレ・ヴァレー
TERRA MATER
テラ・マター

貴重な土着品種で作られる
高品質のオイル

TERRA MATER
Luis Thayer Ojeda 236, 6° Piso.
Providencia, Santiago, Chile
http://www.terramater.cl

228m
樹間を広くとった伝統的栽培法
手摘み+機械式
自社搾油所
連続サイクル方式（遠心分離法）

代々ワイナリーを経営してきたカネパ家が1953年にオリーブ栽培にも着手。土着品種はじめ、ヨーロッパの品種を導入し豊かな地味を生かした製品を生産している。

Petralia
ペトラリア

🍃ラシーモ💧緑茶を思わせる青々しい草の香りを持つ。オリーブの葉、みずみずしい野菜、青いアーモンドの香りも感じる。後にハーブの香りも残る。苦味はそれほど強くない。適度な辛味と苦味が穏やかに消えていく。🍴葉もの野菜のサラダ、豆類の料理、生ハム、サルティンボッカ、鶏肉や豚肉を使った料理と合う。ハーブを使った魚のグリルや青魚のマリネに。

ヴィノスやまざき（250ml）

サンティアゴ　マウレ・ヴァレー
LAS DOSCIENTAS
ラス・ドスシエンタス

マウレ・ヴァレーの
健康な実の香りと味わい

Las Doscientas
Av, Alonso de Córdova 5710, of.702
Las Condes, Providencia, Santiago, Chile
http://las200.cl

260m
樹間を広くとった伝統的栽培法
手摘み
自社搾油所
連続サイクル方式（遠心分離法）

200のオリーブ栽培農家が集まって設立した農園が「Las 200」。200という農園名をそのまま、高品質オイルのブランド名とした。数種類のラインナップを揃える。

Las 200 PICUAL
ラス200 ピクアル

🍃ピクアル💧ミントやセージ、バジルなどハーブの香りの爽快感を持つオイル。他にオリーブの葉やレタス、ナスの香りも持つ。トマトの葉や茎の香りも後から立ち上がる。辛味と苦味が心地よく、バランスのとれた状態。🍴サラダ、トマトソースのパスタ、フレッシュチーズ、ミネストローネなど野菜を使ったスープ、魚介類や鶏肉の料理などと相性がよい。

ペスカ（250ml／500ml）

チリ / Chile

日本

栽培面積 ● 約300ヘクタール
栽培本数 ● 約14万本
　生産量 ● 約11トン

日本に初めてオリーブオイルが持ち込まれたのは安土・桃山時代です。キリスト教伝道のためにやってきたポルトガル人宣教師によってもたらされたため、当時〝ポルトガルの油〟と呼ばれたそうです。1879（明治12）年、オリーブの苗木がイタリアやフランスから輸入され、勧農局三田育種場と神戸の同場付属植物試験場に植えられました。後にこの付属植物試験場が農商務省直轄の神戸オリーブ園となります。その3年後、日本初のオリーブオイルが搾られましたが、事業は長く続きませんでした。1908（明治41）年、アメリカからオリーブの苗木が輸入され、農商務省により新たに指定された三重、香川、鹿児島の3県で試験栽培が始められます。この中で栽培に成功し、オリーブが根付いたのは香川県小豆島だけでした。小豆島の温暖で雨の少ない気候風土が地中海性気候によく似ていたため成功したといわれています。次第に地元農家で栽培が普及し、小豆島を中心に香川、岡山、広島といった地域にもオリーブ栽培が広がっていきました。

近年オリーブオイルが注目され、輸入量が増加傾向にある中、生産地も広がる傾向にあります。個人農家だけではなく、自治体を含めた取り組みとしてオリーブ栽培を始める地域が急激に増えてきたのです。九州は全域にわたって、本州では和歌山、静岡、石川、そして東北でも福島県で栽培されています。さらに北部の宮城県亘理町にもイタリアから寄付された苗木が植樹されました。

主要品種は小豆島で長く育てられてきたミッション、マンサニーリャ、ネバディロ・ブランコ、ルッカなどです。その他の地域でもこれらの品種が多いのは、小豆島産の苗木を購入しているからでしょう。最近では、イタリアやスペインの品種の苗木を現地から直接輸入し、海外の栽培専門家の指導のもと、栽培するところも増えてきました。

国内市場では、EUなどの厳しい基準をクリアして店頭に並ぶオリーブオイルが増加傾向にあります。一方で国産オリーブオイルに関しては、国内で基準や規則が整備されないままです。国産オリーブオイルが世界基準のものと並んで流通し、市場で評価されるには、鑑定による正しい分類がなされることが今後求められるでしょう。

Japan

香川県小豆島
高尾農園
たかおのうえん

青い草の香りが印象的
和食に合う優しくデリケートなオイル

- 農業生産法人　株式会社高尾農園
  香川県小豆郡小豆島町安田甲143-64
  http://www.takao-olives.com
- 30-100m
- 樹間を広くとった伝統的栽培法
- 手摘み
- 自社搾油所
  連続サイクル方式（遠心分離法）

2007年に竹や雑木で荒れた農地を開墾し、オリーブ栽培を始めた生産者。現在、多品種のオリーブ3000本を栽培し、品質を追求している。ニューヨークの国際オリーブオイルコンテストで日本初、唯一の金賞にも輝いた。最新設備の導入や世界のオリーブオイル業界の研究や情報収集にも熱心。オイルの鑑定分析も海外の正式な機関で行い、国際基準に沿った品質を実現している。日本の風土や料理に合った優しく繊細なオイルをめざす。

高尾農園のオリーブ畑
ミッション種

ミッション　初めに草の青々しさやオリーブの葉の香りを感じることができる。苦味や辛味は少なく、ライトなオイル。後味にも優しい草の香りが持続する。樹齢がまだ若いオリーブのため、これからどのように変化していくのかも楽しみである。葉もの野菜を使ったサラダや刺身、優しく繊細な和食との相性がよく、料理に爽やかな香りとコクを加えてくれる。煮物や炊き込みご飯に少し加えたり、うどんやそば、そうめんなどに合わせてもよい。漬けものに少量かけると和洋ミックスの味わいとなり、いつもとは違った風味を楽しめる。他に、卵料理、魚介類を使った料理、優しい味わいのスープ、ソットオーリオ（p.120）で野菜やキノコ類、魚などを漬けて保存食に使うのにも向いている。

日本 / Japan

香川県小豆島
ARAI OLIVE
アライオリーブ
あらいおりーぶ

早熟の実を6時間以内に搾油
青々しいキレの良いオイル

- 株式会社アライオリーブ
  香川県小豆郡小豆島町安田甲664-1
  http://www.araiolive.co.jp
- 60m
- 樹間を広くとった伝統的栽培法
- 手摘み
- 自社搾油所
  連続サイクル方式（遠心分離法）

オリーブ栽培の経験が長い園主が、オリーブの品種選びからボトリング方法にいたるまで一貫して品質にこだわり作る。香川県内に新たに数カ所の農園を拡大している。

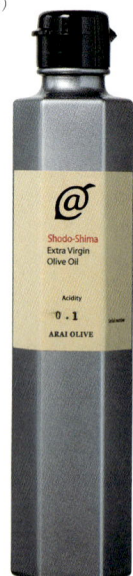

Extra Virgin Olive Oil

🌿 ミッション、ルッカ、フラントイオ 💧 刈った草やオリーブの葉の香り、ほのかにアーティチョーク、新鮮なハーブ類の余韻を感じる。青いアーモンドやチコリの香りも持つ。苦味や辛味を中程度に持ち、辛味は心地よく持続する。🍴生やグリルした野菜、山菜など個性のある野菜とも合う。チーズと黒胡椒のパスタ、カッチョ・エ・ペペ（p.118参照）や、鶏肉料理にも。

熊本県天草市
天草オリーブ園
あまくさおりーぶえん

異国情緒漂う天草の地に
広がるオリーブ畑

- 株式会社九電工
  天草オリーブ園　熊本県天草市五和町御領蛍目1580-1
  http://www.avilo-olive.com
  http://www.kyudenko.co.jp
- 50m
- 樹間を広くとった伝統的栽培法
- 手摘み
- 自社搾油所
  連続サイクル方式（遠心分離法）

2010年春に栽培を開始、現在10種1300本が育つ。県や市とともに、天草のオリーブの島づくりに取り組み、6次産業化の事業も含め、地域に根ざした形で成長、展開。

AVILO
エクストラバージン
オリーブオイル
天草100%リミテッドエディション

🌿 ネバディロ・ブランコ 💧 やわらかな草、オリーブの葉、青いアーモンドの香りを持つ。また少し青いバナナの香りも後から感じられる。苦味はそれほどない。辛味は適度に感じられる。🍴サラダ全般や茹で野菜、トマトソースの料理、魚介類のボイルやスープによく合う。また和食との相性もよく、焼き魚にかけると旨味を引き立てて、爽やかさを加えてくれる。

3

毎日の料理に生かす
オリーブオイルの使い方

エクストラヴァージン オリーブオイルを 使う時のアドバイス

エクストラヴァージンオリーブオイルとの
出会いをより豊かに、より深めていただくために

Introduction

よく、エクストラヴァージンオリーブオイルについてのセミナーで、参加者の方から「何を買って、どのような食材と合わせたらよいでしょう?」という質問を受けます。そしてその回答を聞いて、その通りにしなければ、と考える方がとても多いように感じます。「2. 世界のオリーブオイル・カタログ」の各オイルの特徴でも紹介しましたが、あるエクストラヴァージンオリーブオイルにはこの素材・食材が合う、という情報は、このオイルはこの素材や食材としか合わない、ということではありません。あくまでもひとつの目安、ヒントなのです。もし、ひとつの法則をお伝えできるとしたら、素材とオイルの味わいの傾向を合わせるとよい、ということです。また、調理法についても「加熱料理には向いていない」「揚げ物には使ってはいけない」という間違った思い込みをされている方が多いことを感じますが、そんなことはありません。ご自分なりにどんどん使ってみてください。
イタリア政府公認鑑定士としての仕事やリサーチのために、私は10年以上前から年に何度もイタリアに滞在しています。その度に、地中海沿岸諸国の風景には美しいオリーブ畑があり、生活にはエクストラヴァージンオリーブオイルが深く根づき、日々の食生活になくてはならないものであることを感じてきました。そして、人々にとってのエクストラヴァージンオリーブオイルが単に「食べ物」以上の存在であることも。特にイタリア人は家族や友人たちと食卓につき、食事をともにする時間を何よりも大切にします。お母さんなど料理を作る役目の人が「TAVOLAAAAA!(伊・テーブル＝食卓の意味)」と声をかけると、何があっても食卓につかなければ、という暗黙の了解があります。その食卓でもエクストラヴァージンオリーブオイルは、脇役として、また主役として、ワイン同様常にそこにあるものなのです。
この章では、エクストラヴァージンオリーブオイルによってより豊かな食生活を楽しんでいただくために、代表的な使い方をご紹介します。これら調理のヒントの中から、エクストラヴァージンオリーブオイルを使う意味、つきあい方のエッセンスを感じていただければと思います。
ただ、ルールやセオリーを知ることは近道にはなりますが、逆にいろいろなものを見失ってしまう可能性もあります。
ここでの提案をもとに、ぜひ日々の食生活の中でご自分の楽しみ方を開拓し、発見の喜びを味わってください。

サラダ
まずサラダからはじめましょう

英語の「サラダ」、イタリア語の「インサラータ」ともに、「塩を入れる（salare）」というラテン語が語源だといわれています。サラダといえば生野菜を塩・オリーブオイル、ヴィネガーでシンプルに和えたものが代表的です。古代ローマ人はサラダを、もうひとつの欠かせない調味料、ヴィネガー（伊・aceto）を語源とする「アチェターリエ（acetarie）」とも呼んでいたそうです。

私は塩やヴィネガーを語源とする言葉があるなら、オリーブオイルで和える、という動詞でサラダを表現してもよいのでは、と思っています。それほど、生野菜をいただくときにオリーブオイル、特にエクストラヴァージンオリーブオイルは欠かせないものなのです。

シンプルでまっさらな状態の新鮮な生野菜をいただくのに、エクストラヴァージンオリーブオイルほどふさわしい調味料はありません。なぜなら、エクストラヴァージンオリーブオイルは生野菜と同様にシンプルで混ぜ物のないピュアな調味料だからです。

野菜に加える魚介類や肉類も、シンプルなものを選びましょう。香りと味わいをきちんと持っている新鮮なオイルなら、素材の味わいを邪魔せず異なる素材同士をつないでくれます。

初めての銘柄を試すなら、ぜひサラダからスタートしてみてください。ひとくちにサラダといってもいろいろあります。もちろんドレッシングやアイオリソースを作るのも楽しいですが、まずは簡単に。

きちんと水気を切ってボウルに入れた野菜に、オイル、そして塩をかけましょう。味見をしながら適当に、好みの味わいになるよう、やさしく手で馴染ませましょう。手を使って和えると、ベビーリーフのような優しい野菜を傷つけることもありません。また、手の温度で適度に塩も溶けて野菜と馴染んでくれます。この時、オイルは食べる間際にかけることを忘れずに。時間が経つとしゃきっとした野菜から旨味や水分が抜けていってしまいます。

さあ、どんな季節の野菜と食材を選びましょうか。毎日いろいろな野菜で、時には魚介類や肉類、卵などを使って、エクストラヴァージンオリーブオイルを塩やヴィネガーと合わせてみてください。

ピンツィモーニオ

トスカーナ州でよく食べられているスティックサラダです。アーティチョークやフィノッキオ、にんじん、セロリなどくせのある野菜を生のまま、食べやすくスティック状に切って、皿にたっぷり美しく盛りつけ、塩とオリーブオイルをつけていただきます。ぴりっと辛味と苦味があり、青々しさを感じるオリーブオイルが合います。生のアーティチョークをどんと大皿にのせて、蕾の萼1枚1枚を、アーティチョークの香りのするオイルにつけながら歯でしごいていただくピンツィモーニオは、中部イタリアの代表的なひと皿です。

アーティチョークとパルミジャーノ・レジャーノのサラダ

下処理したアーティチョークを生のまま薄くスライスし、パルミジャーノ・レジャーノをピーラーで薄く削ぎます。両方をきれいに皿に盛りつけたら、その上からレモンを絞り、オリーブオイルをかけます。

🍴 ミントとインゲン豆のサラダ

ボイルしたインゲン豆にミントを散らし、ミディアム程度の苦味や辛味を持ったオリーブオイルや、ハーブの香りのするオリーブオイルをかけて。塩などで味を調えましょう。インゲン豆とサヤインゲンを一緒に使っても良いでしょう。

🍴 クスクスとフレッシュフルーツのサラダ

蒸したクスクスと好みのフレッシュフルーツをカットして混ぜます。シチリア州ではオレンジやグレープフルーツなどをよく使います。青いトマトや青いリンゴの香りのするようなノチェラーラ・デル・ベリチェのオリーブオイルを使ってみましょう。玉ねぎや魚介類を合わせて、贅沢に仕上げても良いでしょう。

🍴 エビとグレープフルーツのサラダ

手長エビなどのエビとグレープフルーツに、茹でた大麦などを加えて一緒に和えます。そこに塩やレモンなどと一緒に海沿いの地方で作られたオリーブオイルをかけてみましょう。イタリアならプーリア州、カンパーニア州、シチリア州やリグーリア州、ギリシャやスペインの海沿いで作られたさわやかで苦味の少ないオイルは、魚介類のサラダにぴったりです。

🍴 新玉ねぎとバジルのサラダ

春先に新玉ねぎがたくさん手に入ったらぜひ試してみてください。新玉ねぎをごく薄いスライスにしてバジルの細切りにしたものと和えます。そこに、モリーゼ州の青リンゴやミントの香りを持つジェンティーレ・ディ・ラリーノのオリーブオイルや、スペインのハーブ香と辛味をしっかりと持つオリーブオイルをかけてみましょう。玉ねぎのデリケートな甘みとバジルの香りをオリーブオイルが橋渡ししてくれます。

🍴 ルッコラとツナのサラダ

ルッコラとほぐしたオイル漬けのツナに、アブルッツォ州のジェンティーレ・ディ・キエーティのオリーブオイルをかけます。ルッコラの辛味とツナの脂分を、青いアーモンドや青リンゴの香りと、辛味をしっかりと持つオリーブオイルが引き立ててくれます。海の香りと辛味を楽しむサラダです。

🍴 カリフラワーとヘーゼルナッツのサラダ

淡白なカリフラワーをひと口大にして茹でて、ローストして砕いたヘーゼルナッツとオリーブオイルをかけて塩などで調味しただけのシンプルなサラダです。セージ、ローズマリーやオレガノなどのハーブの香りを持つオイルを使うとアクセントとなり、優しい味わいの素材に華やかさを添えてくれます。

その他

- 蒸すかローストした鶏肉をほぐしたもの＋ローストしたアーモンド＋辛味と苦味が中程度のオリーブオイル
- 茹でたジャガイモとトマトの角切り＋青いトマトの香りとルッコラのような辛味を持つオリーブオイル
- 日本の梨＋豆類＋エビ＋青いトマトやレタスなどの葉もの野菜を思わせるデリケートなオリーブオイル
- ボイルしたイカ＋スペルト小麦、もしくは大麦＋草や野菜を感じさせるようなミディアムからインテンスのオリーブオイル
- パプリカをグリルして皮を剥いたもの＋サルシッチャ（イタリアの生ソーセージ）をグリルしてほぐしたもの＋中部イタリアの辛味と苦味をしっかりと持つオリーブオイル
- チポッラ・ロッサ・ディ・トロペア（イタリアの紫玉ねぎ）＋肉＋カラブリア州のオイル

スープ
オリーブオイルの最高のパートナー

スープとオリーブオイルは最高のパートナー。スープに香りを加えるだけでなく、素材に一体感を与え、コクを増してくれる、切っても切れない関係です。日本の料理で汁物に油を足す、という習慣はそれほど多くないと思いますが、ことスープに関しては、エクストラヴァージンオリーブオイルを油ではなく、ぜひ調味料と捉えて使ってみてください。

冷製と温製のスープどちらにでもオリーブオイルは合います。冷製ならエクストラヴァージンオリーブオイルの味わいを一緒に楽しみましょう。オリーブオイル独特の苦味や辛味などをスープの素材と調和させましょう。冷たいものを舌にのせたときは、香りよりも辛味や苦味、そして甘さなどを最初に感じるものです。温かいスープなら、逆に立ち上る湯気と同時に香りを楽しんでいただきたいです。

オリーブオイルの香りや味わいを楽しむためにスープを作るほど、私はこの組合せが好きです。「スープがオリーブオイルを美味しくする」と言うと、料理と調味料の関係が逆のようですが、仕上げにエクストラヴァージンオリーブオイルをひと振りすることで、素材同士が渾然一体となってスープが完成する、私はいつもそのように感じています。

🍴 豆のスープ

トスカーナ州、ウンブリア州など中部イタリアは豆をたくさん消費する地域で、特に豆のスープは日常的に作られています。ブロード（野菜や香味野菜、魚や肉などでとった澄んだスープのこと。フランスのブイヨン、英語のブロスにあたる）で煮た豆のスープにローリエやローズマリーで香りをつける、あるいはラルド（豚の背脂の塩漬け、または燻製にしたもの）を加えてコクを増すなどして変化を楽しみます。スープだけでなく豆料理全般に、中部イタリアの代表品種で作る、青い草の香りが高く、苦味と辛味のしっかりあるようなエクストラヴァージンオリーブオイ

ルを最後にたらりとひと振りするとすばらしく相性が良いものです。
豆は淡白なので、やさしいオイルの方が合うのでは、と思うかもしれませんが、豆には土の力強い香りが含まれるためか、どちらかというと強いオイルの方が合うようです。中部イタリア代表品種のエクストラヴァージンオリーブオイルは、青い草の香りだけでなく、豆の蔓、インゲン豆やエンドウ豆の香りの要素を持っています。豆料理でも特にハーブ類で香りをつけたり、動物性タンパク質を加えたりしたものには、青い草の香りが特徴のオイルを合わせてみてください。

🍴 魚介類のスープ

ブイヤベースやアクアパッツァなど、魚介類をふんだんに使った料理には、海沿いの地域で作られるエクストラヴァージンオリーブオイルを使ってみてください。青いトマト、青リンゴやハーブの香りを持つちょっと優しい、ミディアム系のオイルが合うでしょう。トマトが入った魚介類のスープなら、青いトマトの香りのするオイルはぴったりです。

🍴 ボッリート・ミスト（さまざまな部位の肉を茹でたもの）

牛や豚の塊肉と一緒に、野菜を丸ごと煮込んだボッリート・ミストは、仲間が大勢集まる時に作ると楽しい料理です。肉のエキスをたっぷり吸い込んだ野菜もたくさんいただけます。ここにかけるエクストラヴァージンオリーブオイルは、やはり青い草の香りのオイルが合うでしょう。ジャガイモや鶏肉には、少しやさしいオイルにするなど、同じ料理でも違うオイルを素材ごとにかけて楽しむこともできますね。もちろん、ボッリート・ミストには、サルサヴェルデ（p.119）を上質なオリーブオイルで作って合わせるのも定番です。
具を取り出した後のブロードに刻んだ野菜を入れて、ミネストローネを作ることもできます。この時、野菜のやさしい味わいに合わせて、ミディアムからライトのオイルを合わせてみましょう。スペルト小麦、大麦やパスタをいれたミネストローネなら、穀物の甘さとコクが加わるので、少ししっかりした香りのオイルを合わせてもよいでしょう。

パスタ・リゾット
オイルは生き生きとした香りをプラスするエッセンス

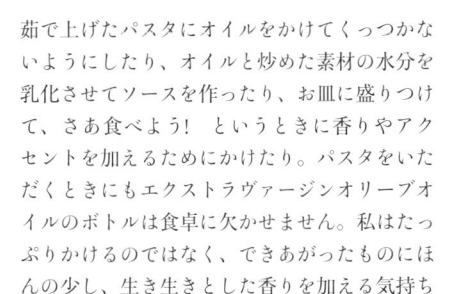

茹で上げたパスタにオイルをかけてくっつかないようにしたり、オイルと炒めた素材の水分を乳化させてソースを作ったり、お皿に盛りつけて、さあ食べよう！というときに香りやアクセントを加えるためにかけたり。パスタをいただくときにもエクストラヴァージンオリーブオイルのボトルは食卓に欠かせません。私はたっぷりかけるのではなく、できあがったものにほんの少し、生き生きとした香りを加える気持ちで使うことをお勧めしています。リゾットも同様です。

特に、ソースを作るときはもちろんのこと、ぜひ食卓でできたてのパスタやリゾットにそのままかけてみて下さい。パスタ・リゾットに加える食材によって、どのようなオイルを合わせるかを楽しみましょう。

トマトソースのパスタや、魚介類を使ったソースのパスタなどは、青いトマトや熟したトマトの香りを持つオイルと相性が良いです。貝類をつかったオイルベースのパスタには、野菜や少

117

し青いアーモンドの香りがするようなライトからミディアムのオイルを使ってみてください。苦味を持つ素材を使ったり、最後の仕上げにチーズを加えたりするパスタには、しっかりと苦味と辛味のあるインテンスのオイルを加えてみてもよいでしょう。チーズを混ぜ合わせるとオイルの苦味をやわらげることができます。

◆ ライトなオイル（リグーリア州タジャスカのオイルなど）

- トロフィエやトレネッテ（ともにパスタの種類）とインゲン豆、ジャガイモ、ジェノベーゼペーストのパスタ・ジェノベーゼに足しましょう。
- イカスミのパスタ・リゾットに足しましょう。

◆ ミディアムのオイル

- 鶏肉とパプリカとグラナパダーノ（エミリアロマーニャ州のハードタイプの牛乳のチーズ）のパスタ▶苦味・辛味の穏やかなオイルを添えましょう。ライトなオイルでも良いでしょう。
- カルボナーラやカッチョ・エ・ペペ（カッチョ＝チーズ、ペペ＝黒胡椒。チーズ、黒胡椒、バターを使ったシンプルなパスタ）▶黒胡椒の香りを持つオイルと合わせてみましょう。
- リコッタチーズのマッケローニ▶香り高く、苦味は中程度のものを足しましょう。
- ポルチーニのリゾット▶できるだけバランスの良いものを。
- ペンネアラビアータ▶唐辛子の強さによってはインテンスのオイルでも良いでしょう。

◆ インテンスのオイル

- ラディッキオ（チコリやエンダイブの仲間。ほろ苦さが特徴のワインレッドの野菜）とチーズのリゾット▶苦味をしっかりと持ったオイルを少しアクセントに足しましょう。
- アーティチョークのリゾット▶アーティチョークの香りを持つオイルで味わいの特徴を調和させましょう。
- 鹿やイノシシのラグーのパスタ▶苦味と辛味をしっかり持つオイルをかけてみて下さい。動物性脂肪の切れが良くすっきりとした後味になります。
- オレッキエッテ（パスタの種類）とチーマ・ディ・ラーパ（ほろ苦い味わいの菜の花の仲間）▶青い草の香りと苦味が強すぎないオイルを足しましょう。

ペースト・ソース
素材同士をつなぐベースとしての役割

トマトソースやジェノベーゼペースト。オリーブの実を使ったタプナードやパプリカのソース。ペースト・ソースをイタリア語ではそれぞれペースト・サルサと呼びます。イタリアでは瓶詰めにしたものなどをごく日常的に使い、さまざまな種類のものが市販されてもいます。
このペーストやソースを構成するひとつひとつの素材をつないでくれるのがオイルです。思いもしない素材同士も、オイルを介することで一体となって料理のベースとなります。

日本ではよくペーストやソースをもらっても使いこなせない、何に使ってよいかわからない、という声を聞きます。ぜひ味を確かめて、パン、野菜、肉に添えたり、パスタを和えたり、またはパスタソースに加えたりと、自由に使ってみてください。ペーストとソースを使いこなすことができたら、レシピの幅がぐんと広がるでしょう。まずは薄切りにしたバゲットやパンに塗って、カナッペのようにして試してみてください。イタリアではペーストをパンに塗っていただくことが多いのです。

基本的に白っぽい色のマヨネーズや卵を使ったソース、ヘーゼルナッツや松の実を使ったソース、乾燥トマトを刻んだソースにはライトなオイルを。ツナやアンチョビ、ニンニク、ケイパーのソース、タプナード、ジェノベーゼソースなどにはミディアムのオイルを使いましょう。ハーブを使うレムラードソース（マヨネーズにマスタード、ケイパー、ハーブ、ピクルスなどを刻んで混ぜたもの）などにはハーブの香りを感じるオイルを使うとよいでしょう。ヴィネグレットソース（オリーブオイル、白ワインヴィネガー、塩、胡椒でつくるソース。マスタードや玉ねぎのみじん切りなどを加えてアレンジする。赤ワインヴィネガーにする場合も）や温かいトマトソースには、苦味が穏やかでどちらかというと辛味が強いインテンスのオイルを使ってみましょう。

🍴パプリカソース

パプリカを丸ごとオーブンで焼き、皮をむきます。ミキサーにエクストラヴァージンオリーブオイルと一緒に入れて攪拌します。そこにリコッタチーズ、塩と白胡椒を加えてさらに攪拌してできあがりです。パスタソースのベースに、また薄く切ったパンに塗ってそのまま供して下さい。

🍴柑橘類と生のハーブのソース

柑橘系の果汁、塩、フェンネルとライトなオイルでソースを作り、刺身用の生魚にかけていただきます。少量のマジョラムとミディアムタイプのオイルでソースを作り、トマトや野菜を和えても爽やかです。タイム、セージ、イタリアンパセリ、オレガノ、ローズマリーなどを加えるときは、少々香りと辛味の強いオイルを使って、調理した鶏肉や豚肉と合わせると良いでしょう。

🍴サルサヴェルデ

直訳が〝緑のソース〟というイタリア・ピエモンテ州の伝統的なソースです。今やイタリア全土で作られるようになりました。アンチョビ、ニンニク、ケイパーを細かく切って混ぜ、裏ごしした茹で卵の黄身と、ちぎったパンに白ワインヴィネガーを少ししみこませたものを合わせます。そこへ細かく刻んだイタリアンパセリを加え、オリーブオイルを注ぎながら混ぜ合わせ、塩で味を調えます。すべてフードプロセッサーで混ぜ合わせても良いでしょう。素材を変えたり、ルッコラ、松の実、そしてライトなオイルを組み合わせて軽い味わいのサルサヴェルデにしても。

🍴アイオリソース

ニンニクを牛乳で茹でてほぐし、熱いうちに粒の粗い塩を加えて乳鉢で潰します。そこへ少しずつオリーブオイルを加え、均質なソースになるよう混ぜ合わせます。魚介類のスープとの相性が抜群で、その他サラダの隠し味に、茹でた肉や野菜、グリル料理にと、万能ソースです。苦味は

穏やかで、辛味が適度にあるオイルを合わせてみましょう。ここに卵黄やレモン汁を加えると、フランス料理でよく使われるアイオリソースになります。

保存食（ソットオーリオ）
高い抗酸化力を生かして、食材の美味しさを閉じ込める

ソットオーリオとは、オリーブオイルに食材を漬ける・浸すことで保存性を高めた食べ物のことです。地中海沿岸諸国には実にたくさんのオリーブオイルで漬けた保存食があり、この項目だけで1冊の本ができるくらいです。オリーブはビタミンAとE、ポリフェノール値が高く、その抗酸化力を生かして、食品の保存性を高めることができます。また、日本のような湿度の高い国では、オリーブオイルに食材を漬けて保存することは腐敗防止にもなるので理にかなっていると言えます。

旬の食材がたくさん手に入ったとき、もしくは美味しいオリーブオイルを香りの高いうちに使い切りたいときに、ぜひ試してみてください。素材の新鮮さを楽しみながら、2～3週間で使い切るような保存方法をご紹介しましょう。食材は生、乾物、茹でたもの、調味したもの、揚げたものなどすべてオイル漬けにできます。揚げたもののオイル漬けは意外かもしれませんが、揚げるプロセスで水分が抜けている上に、カリッとした食感をそのまま残すことができるので向いているのです。揚げる際にはもちろんエクストラヴァージンオリーブオイルを使って。手は清潔に、食材の水気はよく拭き取りましょう。瓶は広口のストッパー付きのガラス瓶を使いましょう。まずオイルを少々入れてから、食材を入れます。空気が入らないよう、オイルと食材とを交互に入れていきます。時々底を叩いて空気を抜くようにします。途中でスパイス類を入れてもよいでしょう。最後に食材の上部1センチくらいをオリーブオイルで覆います。

この他、オリーブオイル、塩、ワインヴィネガー、スパイスを加熱して冷ましたものをマリネ液として、食材を保存する方法もあります。途中でニンニクを入れてもよいでしょう。魚などはできるだけ冷蔵保存をお勧めします。食べ始めてからもオイルが食材を覆うように気をつけましょう。

‖ 乾物・果皮 ‖

唐辛子とニンニクを乳鉢ですりつぶしたもの、レモンなど柑橘類の皮、ドライフンギポルチーニ、そしてドライトマトなどをそのままオリーブオイルに漬けましょう。

‖ チーズ ‖

リコッタチーズなど淡白な味わいのチーズをオイル漬けにします。白いチーズとオイルの色の取り合わせが美しい保存食です。ヤギのチーズを使う時はドライハーブを入れましょう。塩と胡椒も適宜加えましょう。崩れやすいので、取り出したらそのまま食べられる大きさにして漬けましょう。

‖ 魚 ‖

生の魚を保存する場合は、塩や酢で締めて酸化防止と殺菌をして漬けましょう。身を開いて塩を

振って酢洗い、もしくは酢締めしたものをオリーブオイルに漬けると保存効果が高まります。
鰹のなまり節など香りをつけながら蒸した魚も、適当な大きさにカットして漬けてみましょう。
水分はキッチンペーパーでよく拭き取って漬けましょう。
小魚に粉をはたいてフリットにしたものもソットオーリオにできます。

野菜

生のものはまず塩を軽く振って余分な水分を出してから、キッチンペーパーで拭き取ってオリーブオイルに漬けます。
茹でる場合は固茹でにしましょう。沸騰した湯に塩と酢を加えて茹でると殺菌効果が高まります。
水分をしっかり拭き取ってオリーブオイルに漬けましょう。
グリルした野菜も粗熱をとって水分を拭き取ってからオリーブオイルやマリネ液に漬けます。
山菜など、旬のもので食べきれない場合はぜひオイル漬けを試してください。
アーティチョークが手に入ったら、生か焼いたもの、一度酢漬けにしたものをソットオーリオにしてみましょう。

> ローズマリーやバジルなどのハーブ類、唐辛子、胡椒、クローブ、ニンニクなど、スパイス類を漬けて香りを移したアロマオイルは簡単に作ることができます。茹でた野菜や魚料理にかけて食べるのがおすすめです。作る時は、ハーブ類を洗ったら水分をよく拭き取ることが大切です。早いものですと3日、通常1〜2週間で香りがオリーブオイルに移ります。アロマオイルは透明ボトルに入れることもあると思いますが、オイルはもともと光による劣化を受けやすいものです。また、封を切ってボトルに移し替えたその時から酸化が始まるのがオリーブオイルの宿命です。できるだけ早く使い切ってください。
>
> **MEMO**

肉
動物性油脂をさっぱりとした後味に

肉料理にオイルをかけるという習慣は日本ではあまり馴染みがないと思います。しかし、スープと同様に肉料理に深みを増してくれるのがオリーブオイルです。
肉料理＝インテンスのオリーブオイルという印象を持つ方が多いようですが、それも一概には言えません。肉の種類や部位、脂肪の質、特徴、香り、そして調理法によって、オリーブオイルとの相性は変わります。特に動物性脂肪にオリーブオイルを合わせるときは、ほかの素材に比べて不協和音が出やすいものです。個性的な肉にライトなオリーブオイルを合わせることで肉自体が脂っこく感じられてしまったり、繊細な肉に強い香りと味わいのオリーブオイルを合わせて邪魔してしまったりということもあります。同じ方向性の香りや、強さを持つもの同士を合わせることで、肉の個性を生かすようにしましょう。
青い草の香りと、苦味と辛味をしっかり持ったインテンスのオリーブオイルには、動物性脂肪をぬぐいとってくれるような、後味をさっぱりさせる効果があります。またオリーブオイルは胃に停滞する時間が短く、胃にもたれにくいという特徴があります。ぜひ肉類をマリネしたりソテーしたりするときにもオリーブオイルを使ってみてください。

牛肉

牛の赤身肉を調理する時は、ミディアムからインテンスのオイルを使いましょう。脂分が入る部位のビステッカ（ステーキ）でしたら、ぜひ苦味と辛味の強いインテンスのオイルを使ってみてください。肉の香りを強く感じるカルパッチョも、インテンスのオイルとの相性が良いでしょう。

豚肉

豚肉も部位によってさまざまな調理法がありますので、用途によってオイルの種類を変えてみると、肉の美味しさをより引き出すことができるでしょう。
脂の甘味が出る豚バラ肉の薄切りを野菜と蒸し、塩とオイルでいただくような料理は、ライトなオイルとの相性がよいでしょう。
豚のバラ塊肉を料理するときは柑橘類をよく合わせます。オレンジと一緒に焼いたり煮たりした料理にはミディアムのオイルを合わせてみましょう。
また日本では、ロース肉の厚切りをよく味噌漬けにしますが、その漬けだれにオイルをぜひ加えてみてください。コクが増します。根菜類と煮込む時も同様に途中で加えてみてください。また、生姜焼きのたれに加えても風味が増します。

鶏肉・鴨肉・ホロホロ鳥など

部位と調理法によって、オイルの香りやインパクトの強さを変えてみましょう。
鶏肉やターキー（七面鳥）をあっさりとボイルして、マヨネーズとツナでつくったサルサトンナータをかけたような料理にはライトなオリーブオイルが合います。鶏肉やターキーをローストした時はミディアムくらいのオリーブオイルを合わせましょう。
部位ごとのオイルとの相性を楽しめるのは焼き鳥です。例えば、ササミなどにはライトなオイルを、モモ肉やレバーにはミディアムのオイルを、ハツならインテンスのオイルを。
鴨肉も同様に、例えばフェンネルシードをまぶしてローストした料理にはミディアムくらいのオリーブオイルを。中部イタリア産のレッチーノのようなライトなオリーブオイルや、ラツィオ州やカンパーニア州のオイルをかけていただいても良いでしょう。
ホロホロ鳥のグリルには、どちらかというとインテンスのオリーブオイルが良いでしょう。

羊肉

羊肉もジビエや牛肉同様に、インテンスのオイルとの相性が良いでしょう。羊でもロース肉を調理した時は、ミディアムくらいのオイルでいただいても良いかもしれません。

鹿肉・イノシシ肉・ヤギ肉

鹿やイノシシのジビエにはがつんと強いオイルを使ってみましょう。イノシシ肉のサラミや鹿肉の赤ワイン煮などは、ジビエ肉をよく調理するウンブリア州やトスカーナ州など中部イタリアの強いオイルとの相性が抜群です。ヤギ肉も、乳飲仔でなければアーティチョークや青い草の香りのする強いオイルを合わせてみましょう。

魚介類
魚介類の良質な脂肪分の酸化を防止する

魚料理にこそ、ぜひオリーブオイルを使っていただきたいものです。それにはやはり抗酸化作用が関係しています。魚の脂分は栄養価が高いのですが酸化しやすいので、オリーブオイルを塗って焼くことや、蒸すときもたっぷりとかけて調理することで酸化を防止できます。その他、干物など少しぱさつきが気になるものに塗って焼くと身がふっくらとします。ぜひ美味しいオリーブオイルで試してみてください。

魚介類にはそれほど強くないオイルを合わせてみましょう。アーティチョークよりもトマトの香りや、ハーブや青いバナナの香りを持つタイプが合うでしょう。青い草やアーティチョークなどの香りは魚の繊細さを消してしまうことがあります。また苦味と辛味が強いオイルは、味わいに特徴がある魚に使いましょう。

‖ イカ・タコ・エビなど ‖

- ボイルしたり、香草を使ってグリルしたエビにはライトなオリーブオイルを、イカやタコをグリルしたものには少し強めのオリーブオイルを合わせましょう。
- イタリア・シチリア州のパレルモではタコの屋台をよく見かけます。ボイルしただけのタコにシチリアのトマトの香りのするようなフレッシュなオリーブオイルをかけていただくと、とても美味しいものです。新鮮なタコとオリーブオイルが手に入ったらぜひ試してみてください。

‖ ウニ ‖

ウニを料理で使うときには青いトマトと青いリンゴの香りのするオリーブオイルを合わせてみてください。シチリアのウニと塩と、ノチェラーラ・デル・ベリチェのオリーブオイルで和えたパスタはとても相性のよいものでした。

‖ 白身魚 ‖

生の白身魚を薄切りにし、カルパッチョのようにして、レモンや香草などと一緒にオリーブオイルをかけていただくと美味しいものです。ハーブ香など清涼感のあるライトなオリーブオイルを合わせてみましょう。

‖ 赤身魚 ‖

生でいただくときは、ライトなオリーブオイルを合わせてみましょう。レモンとオリーブオイルを合わせたものをかけていただきます。身の色が白く変化するので食べる直前にかけましょう。

‖ 青魚 ‖

イワシ・アジ・サバなど青魚には、ミディアムのオリーブオイルを合わせてみましょう。苦味は少なめ、辛味がほどほどにあるものがおすすめです。

揚げ物　フリット
発煙点が高く、食材がカラリと揚がり胃にもたれにくい

オリーブオイルは揚げ物に向かない、と思っている方は多いのではないでしょうか？
実はオリーブオイルは揚げ物にも最適の油です。まず食材に油が残りにくく油切れが良い、という利点があります。油は熱し続けると、次第に煙が立ち、最後には発火します。この煙が立つ温度を発煙点（伊・punto di fumo　プント・ディ・フーモ）といいます。通常は170〜180℃の温度で揚げ物を調理しますが、エクストラヴァージンオリーブオイルは下の表のように発煙点が高いので、高温で揚げても栄養価があまり変わらず、食材を短時間でカラッと揚げるのに向いています。また、胃の中の停滞時間が短いので、胃にもたれにくい特徴があります。
イタリアでも菜種油やひまわり油で揚げ物をする人は多いですが、より美味しく、良い食材を使うここ一番という時にはオリーブオイルを使います。
たっぷりの油で揚げていただいてもよいですし、フライパンに多めにひいて揚げ焼きのようにしてもよいでしょう。天ぷらからお菓子まで、ぜひオリーブオイルで試してみてください。オリーブオイルの香りが気になる、という方はライトなオイルを使うとよいかもしれません。賞味期限が気になってきたオリーブオイルが手元にあるなら、ぜひ揚げ物に使ってみましょう。
私にとって思い出深いイタリアの揚げ物は、エビ、イカ、小魚などをオイルで揚げて、三角の紙袋にたっぷりと入れて塩を振っていただくヴェネツィアのフリットミストや、カーニバルでいただくピスタチオやドライフルーツを入れたドーナツのような揚げ菓子のフリトーレです。これらをオリーブオイルでつくると口当たりが軽くなり、油がすーっと切れるのがわかります。また日本でなじみ深いカツレツも、フライパンに少々多めにひいたオリーブオイルで揚げ焼きのように調理すると軽い仕上がりになります。ミラノ風カツレツを細かくしたバゲットのパン粉と、すりおろしたパルミジャーノ・レジャーノをまぶし、揚げ焼きしてみましょう。
揚げることでカラッとした食感は得られますが、たくさんの油脂を身体に摂取することになります。栄養価や素材、成分を考えて油を選びましょう。

各種油脂の発煙点

バター	110℃
マーガリン	150℃
コーン油	160℃
菜種油	160℃
ひまわり油	170℃
大豆油	170℃
ラード	180℃
オリーブオイル	210℃

デザート
焼き菓子の素材として、冷たい菓子や果物にはソースとして

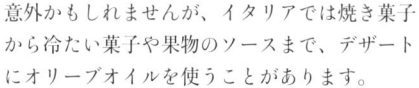

意外かもしれませんが、イタリアでは焼き菓子から冷たい菓子や果物のソースまで、デザートにオリーブオイルを使うことがあります。
特に焼き菓子に使うと、バターを使った時の濃厚な味わいとは異なり、軽い仕上がりになります。今まで使っていた油脂をオリーブオイルに替えて、お菓子を作ってみましょう。フリットの項目で説明しましたが、揚げ菓子にもぜひオリーブオイルを試してみてください。
イタリアの郷土菓子でオリーブオイルが使われているものもあります。
トスカーナ州のネッチ（伊・necci）という菓子は栗の粉を使って薄く焼いたクレープのような生地に、リコッタチーズと蜂蜜を入れて巻い

ていただくもの。生地を焼くときにオリーブオイルを使います。栗とオリーブオイルの相性がよく、トスカーナ州では秋になるとよく屋台が出ています。

🍴 デザートにかけて

- フルーツにかけていただきます。例えばイチジクのコンポートなど砂糖煮にかけていただいてみましょう。フルーツにかけるとコクが出るなど味わいに深みが増します。かける量はほんの少し、隠し味程度が良いでしょう。
- ジェラート、アイスクリーム、そしてムースなどにかけていただきます。素材とオリーブオイルの相性を楽しみましょう。例えばミントを使ったジェラートには、ミントの香りのする清涼感のあるオイルを。リンゴのジェラートには、青リンゴの香りを持つオイルを。梨だったらタジャスカなどライトなオイルをかけてみましょう。ナッツ系のアイスクリームだったら、ミディアムくらいの強さのオイルを。チョコレートのアイスクリームなら、苦味と辛味の味わいの強いものを選んでみると面白いでしょう。
- チョコレートケーキにもぜひオリーブオイルをかけてみてください。チョコレートとオリーブオイルの相性は良いのです。オレンジの皮を入れて焼いたチョコレートケーキには、濃厚な中にさわやかな柑橘系の香りのするオイル、もしくは辛味の強いオリーブオイルを上から少しかけて使うと相性が良いでしょう。オレンジの皮を使わず、チョコレートの苦味を生かした濃厚なケーキでしたら、もう少し辛味や苦味のきいたオリーブオイルのほうが合います。

🍴 ケーキの生地作りに

イタリアでジャムを入れたタルトはクロスタータ・ディ・マルメラータといわれ、よく作られる焼き菓子です。タルト類や、オーストリアの郷土菓子のアップルシュトゥルーデルなどを作る際に、生地にオリーブオイルを使ってみましょう。使う食材でオイルを使い分けてもいいでしょう。ジャムがはっきりした味わいでしたらミディアムのオイルを、木の実（ヘーゼルナッツやアーモンド）を使ったタルトやケーキなどには個性のあるオリーブオイルを使うと面白いでしょう。チョコレートケーキの生地に使うのであれば、「デザートにかけて」の法則を参考にしてください。

🍴 ムースやクリームに

バナナムースの生地に、青いバナナの香りのするオリーブオイルを入れたり、レモンクリームに、清涼感のあるハーブ香を持ったオイルを合わせると良いでしょう。例えば、有数のレモン産地であるソレント半島のレモンを使ったものには、同じソレント半島のミヌッチョラ種のオリーブオイルがよく合うなど、似たような環境で作られるもの同士を合わせるのも目安です。

輸入会社・メーカー問合せ先リスト

オリーブオイル・カタログ（p.25-110）の製品取扱い輸入会社およびメーカーの問合せ先（特記以外は住所・TEL・ホームページ）です。オリーブオイルは1年に1度生産される食品で消費期限が短く、輸入品のため数量に限りがあります。在庫状況は各社にお問合せください。

アーク
東京都新宿区早稲田町70-8
ノアビル
03-5287-3870
http://www.ark-co.jp

アステイオン・トレーディング
東京都渋谷区恵比寿西1-14-3
満栄佐藤ビル
03-3780-5561
http://oliveolive.jimdo.com

アマテラス・イタリア
東京都港区麻布十番1-5-29-205
03-5772-8338
http://www.ama-terras.jp

アライオリーブ
香川県小豆郡小豆島町安田甲664-1
0879-82-0733
http://www.araiolive.co.jp

アルカン
東京都中央区日本橋蛎殻町1-5-6
03-3664-6551
https://www.arcane-jp.com

イル・ピッコロ・オリベート
千葉県船橋市浜町1-5-3-108
047-433-3460
http://www.piccolo-oliveto.com

ヴィノスやまざき（東京営業所）
東京都渋谷区恵比寿1-22-8
恵比寿ファーストプレイス402
03-5789-6825
http://www.v-yamazaki.co.jp

ヴィボン
東京都港区南青山5-12-6
青山第二和田ビル4階
03-5468-7330
http://www.viebon.com

エクリティ
大阪府大阪市鶴見区今津中1-10-29
06-6967-6268
http://www.eclity.co.jp

エスティア日本
大阪府泉佐野市新安松2-4-6
072-424-9166
http://www.estianippon.jp

おいしいクロアチア
茨城県日立市石名坂町2-21-19
080-9660-0167
http://oishiicroatia.com

オーケストラ
岐阜県下呂市森967-7
0576-25-6531
http://www.orchestra.co.jp

OLiVO（オリーヴォ）
カンチェーミ・コーポレーション
東京都千代田区丸の内1-8-3
丸の内トラストタワー本館20階
03-6269-3080
http://www.olivo.co.jp

オリーブプラン
東京都港区芝2-5-10
サニーポート芝904
03-6809-4317
http://www.oliveplan.co.jp

オリーブ・ランド
神奈川県藤沢市藤沢969-1-501
0466-77-7789
http://www.oliveland.jp

オリオテーカ（伊勢丹新宿店）
東京都新宿区新宿3-14-1
伊勢丹新宿店本館地下1階
03-3352-1111（代表）
http://www.olioteca.jp

オリビオ
東京都文京区根津2-36-3-401
090-8812-1443
http://www.olivilo.biz

カーサブォーナ
東京都世田谷区粕谷3-15-17-102
03-6277-8109
http://www.casabuona.jp

九電工（オリーブ事業推進室）
福岡県福岡市中央区高砂2-10-1
092-534-6635
http://www.avilo-olive.com

光玉（こうぎょく）
栃木県栃木市大平町牛久464-2
0282-23-4141
http://www.kogyoku.co.jp

サンヨーエンタープライズ
兵庫県神戸市中央区港島中町6-14　ポートピアプラザD-803
078-302-5641
http://www.sanyo-ep.jp

サンワ　パワジオ倶楽部・前橋
群馬県前橋市江田町277
027-254-3388
http://www.powerdio.com

シイ・アイ・オージャパン
東京都目黒区碑文谷5-14-13
グレースビル202号
03-5722-9231
http://www.ciojapan.co.jp

シネオメガ
東京都練馬区上石神井1-34-22
03-5903-9514
http://www.syneomega.jp

ダイワ・トレーディング
大阪府大阪市中央区南本町4-5-7
東亜ビル1201号
06-6243-4600
http://www.daiwa-trading.co.jp

高尾農園
香川県小豆郡小豆島町安田甲143-64
050-3673-9320
http://www.takao-olives.com

チェンジングスペース
東京都千代田区神田東松下町
31-1　神田三義ビル1階
03-3525-8430
http://changingspacejp.com

東京新興物産
東京都中央区日本橋茅場町
1-6-17
tokyoburgeon@mac.com

トレーダーズマーケット
東京都港区六本木3-4-36-701
03-5575-2207
http://tr-market.jp

日欧商事
東京都港区芝3-2-18
NBF芝公園ビル4階
0120-20-0105
http://www.jetlc.co.jp

日本ホールフーズ
東京都千代田区神田美土代町
11-2　第一東英ビル2階
03-5283-0333
http://store.japanwholefoods.co.jp

日本緑茶センター
東京都渋谷区桜丘町24-4
東武富士ビル
03-5728-6800
http://jp-greentea.co.jp

ひこばえ
大阪府茨木市稲葉町4-5
よつ葉ビル2階
072-638-2915
http://italianottimo.com

蒜山ロカンダ　ピーターパン
岡山県真庭市蒜山上福田
1205-259
0867-66-4833
http://www7.ocn.ne.jp/~peterpan/

プリマヴェーダ
東京都世田谷区上用賀5-23-18
03-6805-6032
http://www.primaveda.com

プリモオーリオ　ジャパン
北海道札幌市中央区南5条西
24丁目3-16
011-530-0033
http://www.primolio.co.jp

フレージェ
福島県耶麻郡裏磐梯高原
五色沼温泉
0241-32-3800
http://www.fraisier.net

ペスカ
神奈川県伊勢原市伊勢原
1-14-18-202
0463-93-6005
http://www.pesuca.co.jp

ベリッシモ
東京都世田谷区玉川田園調布
1-15-4
03-5483-3020
http://www.bellissimo.jp

丸十
愛知県瀬戸市南ヶ丘町156
0561-82-1257
http://www.condiment.jp

ミヤ恒産
東京都八王子市絹ヶ丘2-44-3
042-636-8047
http://www.miya-co.co.jp

メルカード・ポルトガル
神奈川県鎌倉市笹目町4-6
0467-24-7975
http://www.portugal.co.jp

モンテ物産
東京都渋谷区神宮前5-52-2
青山オーバルビル6階
0120-34-8566
http://www.montebussan.co.jp/

薬糧開発
東京都港区芝浦4-13-23
MS芝浦ビル10階
0120-77-0250
http://biocle.jp

大和（やまと）
長野県安曇野市豊科高家1178-11
0120-33-7155
https://antina.jp

ラティーナ
東京都大田区蒲田4-25-7
ハネサム21 6階
0120-10-5750
http://www.hola.co.jp

ルトーレプロジェクト
東京都文京区本駒込
1-27-10-1403
03-3944-7448
http://ogitrd.a.la9.jp

(50音順)

長友姫世 ながとも・ひめよ

イタリア政府公認オリーブオイル鑑定士(テイスター)。企業の広報や、ラジオDJ、フリーアナウンサーとして活躍後、語学留学でイタリアへ渡る。かねてより関心のあったオリーブオイルの世界にのめり込み、外国人では難しいといわれるイタリア政府農林食糧政策省公認のオリーブオイル鑑定士の資格を取得、登録。鑑定のほか、コンサルタント・講演や研究機関での共同研究を通じて、オリーブオイルの正しい知識の普及に努める。イタリアやアメリカの国際オリーブオイルコンテストにてアジア人初の鑑定審査員歴任。日本オリーブオイルテイスター協会代表理事。2014年より「オリーブオイルテイスター・テクニカルコース」を開催。日本における鑑定士育成に尽力。
www.oliveoiltaster.org/　www.himeyo.com

主要参考文献／URL

CATALOGO MONDIALE DELLE VARIETÀ DI OLIVO, Consiglio Oleicolo Internazionale, 2000
Ricci Nanni, Soracco Diego, *Extravergine*, Slow Food, 2000
Piero Fiorino, Edagricole, *Olea*, Edizione Agricole de Il Sole 24 ORE Editoria Specializzata S.r.l., 2007
Lorenzo Cerretani, Alessandra Bendini, Antonio Ricci : Edagricole, *Minifrantoi*, Edizione Agricole de Il Sole 24 ORE Editoria Specializzata S.r.l., 2010
Luciano Di Giovacchino, *Tecnologie di lavorazione delle olive in frantoio*, Tecniche Nuove S.p.A., 2010
Antonio Ricci, Edagricole, *Oleum*, Edizione Agricole de Il Sole 24 ORE Editoria Specializzata S.r.l., 2011
Barbara Alfei, Giorgio Pannelli, Antonio Ricci, Edagricole, *Olivicoltura*, Edizione Agricole de Il Sole 24 ORE S.p.A., 2013
Marco Oreggia, *FLOS OLEI 2014*, E.V.O. S.r.l., 2013
International Olive Council　www.internationaloliveoil.org

オリーブオイル・ガイドブック

著者	長友姫世	
発行	2014年10月30日	
発行者	佐藤隆信	
発行所	株式会社新潮社	

〒162-8711　東京都新宿区矢来町71
編集部 03-3266-5611
読者係 03-3266-5111
http://www.shinchosha.co.jp

印刷所　半七写真印刷工業株式会社
製本所　加藤製本株式会社

©Himeyo Nagatomo 2014, Printed in Japan

乱丁・落丁本はご面倒ですが小社読者係宛お送りください。
送料小社負担にてお取替えいたします。
価格はカバーに表示してあります。

ISBN 978-4-10-336691-1 C0077

写真
長友姫世　p.3, p.4, p.7, p.19, p.23, p.25, p.111, p.112
小川彩　p.13, p.14
広瀬達郎(新潮社写真部)　上記以外

イラスト
網谷貴博(アトリエ・プラン)　p.10, p.21

ブックデザイン
大野リサ

構成・編集
小川彩